典藏诵读版

幽梦影全鉴

〔清〕张潮◎著

东篱子◎解译

扫一扫
免费赠送3种国学音频！

国家一级出版社 中国纺织出版社 全国百佳图书出版单位

内 容 提 要

《幽梦影》是清代文学家张潮所著的随笔体格言小品文集，共219则。全书抒发了作者对人生的感悟和自然的静赏，内容涉及诸如修身养性、为人处世、风花雪月、山水园林、读书论文、世态人情等多方面。作者以格言体形式将自己独特的人生见解挥洒自如地抒写出来，使人思而得之，读来回味无穷。书中还包括570余则清初众多大学者和艺术家的赞赏和评点，从中可以一窥当时世人的精神风貌和心态，体会古时文人对生活的感受和体验，对品味现代生活具有一定的借鉴意义。

图书在版编目（CIP）数据

幽梦影全鉴：典藏诵读版 /（清）张潮著；东篱子解译. —北京：中国纺织出版社，2019.4

ISBN 978-7-5180-6082-5

Ⅰ.①幽… Ⅱ.①张… ②东… Ⅲ.①人生哲学-中国-清代②《幽梦影》-注释③《幽梦影》-译文 Ⅳ.①B825

中国版本图书馆CIP数据核字（2019）第063531号

策划编辑：段子君　　责任校对：寇晨晨　　责任印制：储志伟

中国纺织出版社出版发行

地址：北京市朝阳区百子湾东里A407号楼　邮政编码：100124

销售电话：010—67004422　传真：010—87155801

http://www.c-textilep.com

E-mail：faxing@c-textilep.com

中国纺织出版社天猫旗舰店

官方微博 http://weibo.com/2119887771

佳兴达印刷（天津）有限公司印刷　各地新华书店经销

2019年4月第1版第1次印刷

开本：710×1000　1/16　印张：20

字数：220千字　定价：49.80元

前言

近代大学者王国维说过："凡一代有一代之文学。"纵观文学史，楚有骚、汉有赋、六代有骈语、唐有诗、宋有词、元有曲，至明清之际，则有小说和小品文。小品文就如同春日的鲜花，在明清之际焕发出奇光异彩，沁人心脾。

明清时期涌现出了一大批优秀的清言小品文，比较出名的有屠隆的《娑罗馆清言》、陈继儒的《小窗幽记》、洪应明的《菜根谭》、陆绍珩的《醉古堂剑扫》和吕坤的《呻吟语》等。这类作品一般采用简洁的格言、警句、语录形式，多以论断为主，内容丰富，既有立身处世的格言，个人对事物的品评、对生活情趣的描述，也有对生命与自然的思考，在经传、史记、诗文等文体外别立一体。张潮所著的《幽梦影》是其中有代表性的作品之一。

张潮，字山来，号心斋，又号三在道人，安徽歙县人，生于清顺治七年（1650）。其父张习孔曾官至刑部郎中、按察使司佥事充任山东提学，著有《诒清堂集》《云谷卧余》等，并与当时著名文学家周亮工交好。张潮自幼在父亲的影响下，刻苦读书，但因在文学上主张创新，对八股文和科举制度不满，始终科场不利，只担任过翰林孔目这样从九品的小官。张潮一生好游历，喜交友。他到过很多地方，其中与江苏如皋、扬州因缘尤深。他交游甚广，与当时许多著名学者、文人多有往来，如名士孔尚任、冒辟疆、陈维崧、梅文鼎、戴名世等。康熙三十八年（1699），五十岁的张潮因恶人诬陷，被一件政治案件牵连，一度入狱，从此"穷愁著书"以度岁月。

张潮学识广博，多才多艺，儒、道、佛、诗词文章、琴棋书画、花鸟虫鱼等无所不通。他一生著述颇丰，主要作品有《心斋诗钞》《心斋聊复集》

《酒律》《花影词》《补花底拾遗》《幽梦影》等。其文言短篇小说集《虞初新志》被认为对《聊斋志异》的创作有启动之功，在当时社会上影响较大。同时，张潮还以刊刻丛书而闻名，主持编辑刊印的有《昭代丛书》《檀几丛书》等。

《幽梦影》即收录于《昭代丛书》别集中。《幽梦影》的成书，据推测大致是在张潮三十岁到四十五岁之间断续完成的。它是一部笔记随感小品集，收录作者格言、箴言、哲言、韵语、警句等 219 则。张潮取幽人梦境、似幻如影之意，尽情地抒发了对人生、自然的体验和感受，蕴涵着破人梦境、发人警醒的用心，因此名为《幽梦影》。

《幽梦影》中反映的主要是高人逸士的生活和思想状态，充满了美感和情趣。书中所涉内容颇为丰富，有对文人骚客读书交友、谈禅论道的体味，也有对山光水色、花鸟虫鱼、风云雨露、俊林秀木的赞美；有对官场科第、人情世故的讥讽，也有对儒、释、道的领悟和勘破。看似信笔拈来，却是句句锦绣、字字珠玑，反映出了作者对人生深刻的感悟，包含着丰富的哲理，闪烁着智慧的火花，使人读来心旷神怡，陶醉飘逸。在语言艺术方面，作者敢于联想、想象，将自然界中的生物赋予灵性表现在作品中，同时还运用比喻、对句、排比等多种手法，使语言集节奏美、匀称美、声韵美于一体，在审美角度上更胜一筹。

除此之外，《幽梦影》还以清丽明快的文笔、精辟独到的议论、蕴涵丰富的思想独树一帜。“所发者皆未发之论，所言者皆难言之情”，《幽梦影》一反模拟效仿的陈词滥调、庸俗遗风，以清新隽永的格调流芳于世，在当时的文人墨客中引起了强烈的反响和共鸣。著名文学家余怀为其作序，顾天石、张竹坡等百余位文人为其写了 570 余则点评。这些点评全是率性而发，毫无矫揉造作之感，语言或诙谐幽默，或妙语连珠，或警醒脱俗，发人深思，同样具有一定的创作价值。而这种在原文中夹杂评语的方式，开创了新的评点模式，在当时一经推出就受到了推崇和效仿。杨复吉在为《幽梦影》写的跋中称赞这种模式说：“令读者如入真长座中，与诸客周旋，聆其謦欬，不禁色舞眉飞，洵翰墨中奇观也。”

《幽梦影》的传世版本有一卷本和二卷本之分。一卷本为《昭代丛书》

《晨风阁丛书》《国学珍本文库》本等所收录，并有清刊本二卷。本书以通行的道光年间世楷堂刊《昭代丛书》本为底本，并参考了近年来的多种整理本编辑而成。为方便翻检，本书根据原文分则排序添加了序号，体例上按原文、原评、注释、译文、原评译文的顺序排列，对于原文及评语中的典故、人物、史实、生僻字词等加以注释，并结合文意做了进一步的解读，力求详尽、准确、完备，以帮助读者更好地理解原文旨意，将这本《幽梦影全鉴》打造成一部精品读物。

本书将纸质图书和配乐诵读音频完美结合，以二维码的方式在内文和封面等相应位置呈现，读者扫一扫即可欣赏、诵读经典片段。诵读音频由中国国际广播电台、中央人民广播电台专业播音员，以及中国传媒大学等知名高校播音系教师构成的实力精英团队录制完成，朗读中融进了对传统文化的理解，声音感染力极强。

解译者

2019 年 4 月

目录

序一

［清］余怀

余穷经读史之余，好览稗官小说[①]，自唐以来不下数百种。不但可以备考遗志[②]，亦可以增长意识[③]。如游名山大川者，必探断崖绝壑[④]；玩乔松古柏者，必采秀草幽花，使耳目一新，襟情怡宕[⑤]。此非头巾襶襶、章句腐儒之所知也[⑥]。故余于咏诗撰文之暇，笔录古轶事、今新闻，自少至老，杂著数十种。如《说史》《说诗》《党鉴》《盈鉴》《东山谈苑》《汗青余语》《砚林》《不妄语述》《茶史补》《四莲花斋杂录》《曼翁漫录》《禅林漫录》《读史浮白集》《古今书字辨讹》《秋雪丛谈》《金陵野钞》之类。虽未雕板问世[⑦]，而友人借抄，几遍东南诸郡，直可傲子云而睨君山矣[⑧]。

天都张仲子心斋[⑨]，家积缥缃[⑩]，胸罗星宿[⑪]，笔花缭绕[⑫]，墨沛淋漓[⑬]。其所著述，与余旗鼓相当，争奇斗富，如孙伯符与太史子义相遇于神亭[⑭]，又如石崇、王恺击碎珊瑚时也[⑮]。其《幽梦影》一书，尤多格言妙论，言人之所不能言，道人之所未经道。展味低徊，似餐帝浆沆瀣[⑯]，听钧天广乐[⑰]，不知此身之在下方尘世矣。至如"律己宜带秋气，处世宜带春气"、"婢可以当奴，奴不可以当婢"、"无损于世谓之善人，有害于世谓之恶人"、"寻乐境乃学仙，避苦境乃学佛"，超超玄箸，绝胜支、许清谈[⑱]。人当镂心铭腑[⑲]，岂止佩韦书绅而已哉[⑳]！

鬘持老人余怀广霞制[㉑]

【注释】

①稗（bài）官小说：即野史小说，街谈巷议之言。

②备考：全面考察。遗志：指前人留下的标记或记录。

③意识：见识。

④断崖绝壑：陡峭的山崖和深谷，指人迹罕至的险境。

⑤襟情：指襟怀或情怀。怡宕：轻松洒脱。

⑥褦襶（nài dài）：指愚蠢无能，不懂事。

⑦雕板：指在木板上雕刻图文，作为印刷的底版。

⑧子云：即扬雄（公元前53—18年），字子云，西汉文学家、哲学家、语言学家，蜀郡成都（今属四川）人。汉成帝时为给事黄门郎。王莽称帝后，任太中大夫。早年以辞赋闻名。晚年研究哲学，曾撰《太玄》等，提出以“玄”作为宇宙万物根源之学说。君山：即桓谭（？—56年），字君山，东汉初期思想家。此二人皆以博学多识著称。

⑨天都张仲子心斋：即张潮，心斋是他的字，天都是安徽黄山的峰名，因张潮家乡在安徽省歙县，距黄山不远，此处用天都代指其家乡。

⑩缥缃（piǎo xiāng）：指书籍。缥，淡青色。缃：浅黄色。古时多以淡青、浅黄色丝帛作为书囊、书衣，故用以代指书籍。

⑪胸罗星宿：比喻胸中罗列着广博的知识、才能或远大的理想、抱负，具有高超的预见智能。

⑫笔花：比喻才思敏捷，文笔优美。

⑬墨渖（shěn）：墨汁。

⑭孙伯符与太史子义相遇于神亭：指孙策与太史慈在神亭相遇，两人奋勇搏斗，彼此不分高下的事。孙伯符，即孙策（175—200年），东汉吴郡富春人，字伯符，孙坚子，东汉末年割据江东。太史子义，即太史慈（166—206年），字子义，三国时东吴名将，东莱郡黄县人，善射，弦不虚发。东汉献帝兴平二年（195），太史慈到曲阿拜访扬州刺史刘繇，刘派他出城侦察，他在神亭与孙策遭遇，彼此较量一番。后归孙策，拜折冲中郎将，孙权委以南方之事。神亭，在今江苏金坛北。

⑮石崇（249—300年）：西晋渤海南皮人，字季伦，小名齐奴，曾任南中郎将、荆州刺史，以豪富奢侈著称。王恺：西晋东海郯人，字君夫，晋武帝司马炎的母舅，生活奢侈。石崇、王恺斗富，事见《晋书·石崇传》。晋武帝为帮助王恺在斗富中取胜，赐其一株两尺来高的珊瑚树。王恺在石崇面前

炫耀，石崇竟用铁如意将珊瑚树打碎。王恺为之变色，石崇却说：“你不用心疼，我还你就是了。”命人取出自己所藏的几十株珊瑚树，其中高三四尺的就有六七株，像王恺那样的就更多了。

⑯帝浆沆瀣（hàng xiè）：指仙人所饮用的露水，比喻其文章美妙超群。沆瀣：夜间的露水，古人认为是仙人所饮。

⑰钧天广乐：天上的音乐，比喻其文章超凡脱俗。

⑱支、许：指的是东晋时期的支道林和许询，两人均以善谈玄言著称，他们的言行在《世说新语》中多有记载。

⑲镂心铭腑：形容铭记在心，永志不忘。

⑳佩韦：语出《韩非子·观行》：“西门豹之性急，故佩韦以自缓；董安于之性缓，故佩弦以自急。”韦，熟牛皮，其质软韧，性急者佩其以警戒自己不可鲁莽。书绅：把重要的话写在绅带上，以示牢记他人的话。语出《论语·卫灵公》篇：“子张书诸绅。”绅，古代士大夫束腰的大

带子。

㉑余怀（1616—1696年）：福建莆田人，明末清初文学家，字淡心，又字无怀，号曼翁、广霞、鬘持老人等，居南京，晚年退隐吴门。著有《板桥杂记》，记载明末南京狭邪冶游之事，借以抒发今昔之感。此外还有《味外轩集》、《研山堂集》、《东山谈苑》等。

【译文】

我在遍读经史之余，喜欢阅读野史小说，自唐朝以来的小说，读了不下几百种。读小说不但可以全面考察前人留下的记录，也可以增长见识。这就像游览名山大川，必定要到断崖绝壑之地；赏玩乔松古柏，必定要采撷秀草幽花，这样能使人眼前耳目一新，襟怀愉悦开阔。这些不是愚蠢不通、只懂得寻章摘句的迂腐文人所能了解的。所以我在吟诗撰文之余，用笔记录了古今轶事、新闻，由年轻时到老年，写下几十种杂著，如《说史》《说诗》《党鉴》《盈鉴》《东山谈苑》《汗青余语》《砚林》《不妄语述》《茶史补》《四莲花斋杂录》《曼翁漫录》《禅林漫录》《读史浮白集》《古今书字辨讹》《秋雪丛谈》《金陵野钞》之类。虽然没有印刷问世，然而友人都互相借阅抄录，几乎遍于东南各郡，简直可以傲视扬雄与桓谭了。

黄山人张潮，家里富有藏书，胸中知识广博、富于才华，文笔优美，墨迹淋漓。他的著述和我的不相上下，彼此争奇斗富，就像孙策与太史慈在神亭相遇，又如同石崇击碎王恺的珊瑚树那般光景。他的《幽梦影》一书，有很多格言妙论，说出了别人不能说的道理，讲出了别人从来没有讲过的内容。仔细品味这本书，就像是在啜饮仙人的饮品，又像在听天上的音乐，令人忘了自身还处在尘世中。至于像“约束自己时应该带有秋天的严厉之气，对待别人时应该带有春天的宽厚之气”、“婢女可以代替奴仆做粗活，奴仆不可以代替婢女干细活”、“对世界没有损害的就叫做善人，对世界有损害的人就是恶人”、“想要寻求乐土，就学道家神仙术；想要躲避生的苦闷，就学习佛法”，言辞高妙，胜过晋代支道林和许询的清谈很多。人们应当铭刻于内心，何止是牢记而已呢！

鬘持老人余怀广霞制

序二

［清］孙致弥

心斋著书满家，皆含经咀史[①]，自出机杼[②]，卓然可传。是编是其一脔片羽[③]，然三才之理、万物之情、古今人事之变[④]，皆在是矣。顾题之以“梦”且“影”云者，吾闻海外有国焉，夜长而昼短，以昼之所为为幻，以梦之所遇为真。又闻人有恶其影而欲逃之者。然则梦也者，乃其所以为觉；影也者，乃其所以为形也耶？庾辞谧语[⑤]，言无罪而闻足戒，是则心斋所为尽心焉者也。读是编也，其亦可以闻破梦之钟，而就阴以息影也夫！

江东同学弟孙致弥题[⑥]

【注释】

①含经咀史：指欣赏、体味经籍史书中的精华。

②自出机杼：比喻文章、古诗的风格和题材别出心裁、独创新意。机杼：本指织布机上的梭子。出自《魏书·祖莹传》：“文章须自出机杼，成一家风骨，何能共人同生活也。”

③一脔（luán）：指一块。片羽：传说中神马吉光的小片毛，喻指残存的少量珍贵品。

④三才：指天、地、人。语出《易传·系辞下》：“有天道焉，有人道焉，有地道焉。兼三才而两之，故六。六者非它也，三才之道也。”

⑤庾（sōu）辞谧语：指谜语，隐约其辞，不直说。庾，隐藏，藏匿。谧：同“隐”。

⑥孙致弥：字恺似，号松坪、杕左堂等，嘉定人，康熙初年召试称旨，康熙二十七年（1688）中进士，改翰林院庶吉士，官至侍读学士。著有《杕左堂集》等。

【译文】

张潮写的书堆满家中，大都蕴涵着经史的精华，自出机杼，卓越不凡，足以流传后世。这本书只是他煌煌著作中的一部，然而三才的义理、万物生发之情、古往今来的人事变迁，都在其中。我看到书名中有“梦”、“影”等字样，我听说海外有一个地方，那里夜长昼短，那里的人把白天的所作所为都认为是虚幻的，把梦中所经历的当成是真实的。又听说有人因厌恶自己的影子而想要摆脱它。然而“梦”，正是人们能够觉知到的；“影”，大概也正是人们的形体吧？这些隐约含糊的说辞说来是无罪过的，而看到的人就要足以引起警戒，这就是张潮所为之尽心尽力的。读这本书，也可以从中听到惊破梦境的钟声，可以靠近阴暗之处使影子停歇！

江东同学弟孙致弥题

序三

［清］石庞

张心斋先生家自黄山，才奔陆海[1]。柟榴赋就[2]，锦月投怀；芍药词成，繁花作馔。苏子瞻十三楼外[3]，景物犹然；杜牧之廿四桥头[4]，流风仍在。静能见性，洵哉人我不间[5]，而喜嗔不形[6]；弱仅胜衣，或者清虚日来，而滓秽日去。怜才惜玉，心是灵犀；绣腹锦胸，身同丹凤。花间选句，尽来珠玉之音；月下题词，已满珊瑚之笥[7]。岂如兰台作赋[8]，仅别东西；漆园著书[9]，徒分内外而已哉[10]！

然而繁文艳语，止才子余能；而卓识奇思，诚词人本色。若夫舒性情而为著述，缘阅历以作篇章，清如梵室之钟[11]，令人猛省；响若尼山之铎[12]，别有深思。则《幽梦影》一书，余诚不能已于手舞足蹈、心旷神怡也！其云“益人谓善，害物谓恶”，咸仿佛乎外王内圣之言。又谓“律己宜秋，处世宜春”，亦陶熔乎诚意正心之旨。他如片花寸草，均有会心；遥水近山，不遗玄想。息机物外，古人之糟粕不论；信手拈时，造化之精微入悟。湖山乘兴，尽可投囊[13]；风月维潭，兼供挥麈[14]。金绳觉路，宏开入梦之毫；宝筏迷津，直渡广长之舌[15]。以风流为道学，寓教化于诙谐。为色为空，知犹有这个在[16]；如梦如影，且应作如是观[17]。

湖上晦村学人石庞序[18]

【注释】

①陆海：南朝梁钟嵘《诗品》卷上有：“陆才如海”之赞语。陆，指西晋陆机，后以“陆海”比喻才华横溢。

②柟（nán）榴赋：即《柟榴枕赋》，作者是三国时广陵张纮。事见《三国志·吴书·张纮传》：“（张）纮见柟榴枕，爱其文，为作赋。陈琳在北见之，以示人曰：‘此吾乡里张子纲所作也。’”柟：同“楠”。

③苏子瞻：即苏轼（1037—1101年），字子瞻，号东坡居士，北宋著名文学家。十三楼：宋代

杭州名胜，亦称“十三间楼”，苏轼在杭州时，常在此处理事务，于诗文中也多有提及。

④杜牧之：即杜牧（803—852 年），字牧之，曾在扬州做官，多风流之举，所作怀念扬州的诗篇流传甚广。廿四桥：二十四桥，唐代扬州著名的景观。

⑤洵哉：确实，诚然。不间：没有区别。

⑥喜嗔不形：高兴和生气的情绪都不显露出来。嗔：怒，生气。

⑦笥（sì）：盛饭或衣物的方形竹器。

⑧兰台：指班固（32—92 年），东汉史学家、文学家，汉明帝时任兰台令史，所以被称为班兰台。赋：指《两都赋》，分《西都赋》和《东都赋》两篇，两都指东汉西都长安和东都洛阳。

⑨漆园：指庄子，他曾经做过漆园吏。

⑩徒分内外：庄子著书立说，只是分为内、外篇。内外，指《庄子》的“内篇”和“外篇”，实际上《庄子》还包括“杂篇”，“内外”之说并不确切。

⑪梵室：佛殿。

⑫尼山：孔子的出生地，在山东曲阜，此处代指孔子。铎：以木为舌的大铃，铜质。古代天子摇响木铎召集民众，以宣布政教法令。意思是上天是要孔子宣扬大道，引导民众。

⑬投囊：投入囊中，指将一时所感收集起来。

⑭挥麈（zhǔ）：指清淡。

⑮“金绳觉路”以下四句：金绳觉路、宝筏迷津，出自唐代诗人李白的《春日归山寄孟浩然》诗：“金绳开觉路，宝筏渡迷川。”金绳、宝筏都是佛教语，比喻引导人到达彼岸的神圣佛法。入梦之毫：指蒙授五色笔的传说。相传南朝江淹梦人授以五色笔，其后文采俊发。广长之舌：指佛的舌头，据说佛舌广而长，可覆面上至发际，比喻能言善辩。

⑯为色为空，知犹有这个在：佛教公案，出自《景德传灯录》卷四，禅宗四祖道信访法融禅师，法融引导四祖前往他的禅修处，途中遇虎。四祖故

意显出害怕的样子，法融说："犹有这个在。"后来四祖在法融打坐的石头上写了个"佛"字，法融不敢坐。四祖说："犹有这个在。"并向法融讲解"一切烦恼业障本来空寂，一切因果皆如梦幻"等禅理。

⑰如梦如影，且应作如是观：泛指对某一事物作如此的看法。语出自《金刚经》："一切有为法，如梦幻泡影，如露亦如电，应作如是观。"

⑱石庞（1671—1703年），清安徽太湖人，字天外，号晦村学人、天外生等，一生不取仕途，好结友交游，工诗赋词曲，善书法，著有《因缘梦》传奇、《天外谈》、《悟语》等。

【译文】

张潮先生家在黄山，像西晋的陆机那般富有才华。写就了像《柟榴枕赋》那样的文章，如同皎洁的月亮投影于怀中；吟咏芍药的华美词章写就，繁花当作美食。苏轼诗中写过的十三楼，景象美好依旧；杜牧吟咏过的二十四桥，流风余韵尚存。人于安静中能够顿悟佛性，诚然是我与他人没有区别，高兴和生气的情绪都不显露；尽管虚弱到仅能承受衣物的重量，却可以一天天地变得清高淡泊，并且远离那些渣滓污秽。因怜惜才华而爱护有加，心如一点即通的灵犀；胸中文章如锦绣，身如丹凤般卓尔不群。这些如同花间选出的佳句，都发出如宝石轻击般的清响；又如同月下题就的词章，已然堆满珊瑚筲内。岂止是像班固写作《两都赋》一样，仅仅是分成《东都赋》、《西都赋》；也不像庄子写作《庄子》，只是分内篇、外篇而已！

然而繁复的文辞和华美的语句，只是才子微不足道的技能而已；能够写出卓越奇特的思想，这才是文人的本色。至于舒展性情灵气来著书，根据自己的阅历来写作，写出的文章就如同佛寺的钟声，令人猛然醒悟；像孔子的木铎一般高响，催人深思。那么《幽梦影》一书，我实在不能仅是手舞足蹈、心旷神怡而已。书中写到"对世界没有损害的就是善人，对世界有损害的就是恶人"，这与儒家外王内圣的言论有相似之处。又说"约束自己时应该带有秋天的严厉之气，对待别人时应该带有春天的宽厚之气"，也是融入了《大学》中正心诚意的宗旨。其他如一草一木，都有会心之处；遥水近山，不遗漏玄妙的想法。置身物外没有了机心，古人的废弃无用之说也就不会论及；

有时又似信手拈来，把对大自然精微的认识写入感悟。湖光山色，乘兴而游，所思所虑尽可以投入囊中；评谈风月，更可以挥麈纵论。就好像是用金绳开辟道路，打开入梦之笔；又像是用宝筏渡过迷津，辞采如佛的舌头善辩莫测。把风流作为道学，教化寓于诙谐之中。以色相为虚空，是仍旧存有分别心；人生如梦幻如泡影，一切都应该这么看。

湖上晦村学人石庞序

第一则

【原文】

读经宜冬①，其神专也；读史宜夏②，其时久也；读诸子宜秋③，其致别也④；读诸集宜春⑤，其机畅也⑥。

【原评】

曹秋岳曰⑦：可想见其南面百城时⑧。

庞笔奴曰⑨：读《幽梦影》，则春夏秋冬，无时不宜。

【注释】

①经：经、史、子、集是我国古代读书人对经典的分类法，这种分类法是以儒家思想为指导的。经，指传统图书分类中的经部著作，包括儒家经典（主要是十三经）和小学（文字、音韵、训诂等学问的总称）著作。宜：适宜，应该。

②史：指史部著作，包括各类历史著作（如二十四史）和部分地理著作（如《水经注》《元和郡县志》）。

③诸子：指先秦至汉初的诸子百家著作。

④致：情趣，兴致。

⑤集：指集部著作，是诗、文、词、赋等文艺作品的总集或别集。

⑥机：生机。畅：茂盛。

⑦曹秋岳：曹溶（1613—1685年），字洁躬，号秋岳，别号金陀老圃、倦圃等，浙江秀水（今嘉兴）人。明崇祯十年（1637）进士，官御史。入清后，历任户部右侍郎、广东布政使、山西阳和道。晚年筑室于范蠡湖，自号锄菜翁。家富藏书。工诗，著有《静惕堂诗集》《崇祯五十宰相传》等。

⑧南面百城：南面，古代以坐北朝南为尊位；百城，地域广大。本指居王侯之高位而拥有广阔土地，这里指藏书丰富。《魏书·李谧传》："每曰：'丈夫拥书万卷，何假南面百城？'"后也以此比喻藏书众多。

⑨庞笔奴：人名，即庞天池，生平不详。

【译文】

诵读经书适宜在冬天，因为冬天万物静止，精神能够专注集中；读史书适宜在夏天，因为夏天白日时间长，时间比较充足；读诸子百家适宜在秋天，因为思

维情致能够清晰而有条理；读诗词文章适宜在春天，因为春天生机盎然，可以更好地领悟诗文的内蕴。

【原评译文】

曹秋岳说：由此可以推想作者藏书丰富。

庞笔奴说：读《幽梦影》，则春夏秋冬没有什么时候不适宜的。

第二则

【原文】

经传宜独坐读[①]，史鉴宜与友共读[②]。

【原评】

孙恺似曰[③]：深得此中真趣，固难为不知者道。

王景州曰[④]：如无好友，即红友亦可[⑤]。

【注释】

①经传（zhuàn）：儒家典籍经与传的统称。传：阐释经文的著作。

②史鉴：中国古代历史著作的统称。史，指《史记》。鉴，指《资治通鉴》。这两本书分别是我国古代纪传体史书和编年体史书的代表著作，所以用二者来代指史书。

③孙恺似：即孙致弥，字恺似。

④王景州：王仲儒（1634—1698年），字景州，清初兴化（今属江苏）人，品性高洁，学问渊博，工诗善书，著有《西斋集》《离朱集》等。乾隆年间，《西斋集》被认定“狂悖指斥之处甚多”，王仲儒被“斫棺锉尸”。

⑤红友：酒的别称，语出宋代罗大经《鹤林玉露》卷八：“常州宜兴县黄土村，东坡南迁北归，尝与单秀才步田至其地。地主携酒来饷，曰：‘此红友也。’”

【译文】

儒家经典著作适合一个人时静静阅读，而历史著作适合和知己好友一起阅读。

【原评译文】

孙恺似说：此言深得读书的真正旨趣，不懂的人是说不出的。

王景州说：如果没有好友，那么饮酒读史也可以。

第三则

【原文】

无善无恶是圣人（如帝力何有于我[①]；杀之而不怨，利之而不庸[②]；以直报怨，以德报德[③]；一介不与，一介不取之类[④]），善多恶少是贤者（如颜子不贰过[⑤]，有不善未尝不知[⑥]；子路人告有过则喜之类[⑦]），善少恶多是庸人，有恶无善是小人（其偶为善处，亦必有所为），有善无恶是仙佛（其所谓善，亦非吾儒之所谓善也[⑧]）。

【原评】

黄九烟曰[⑨]：今人一介不与者甚多，普天之下，皆半边圣人也。利之不庸者，亦复不少。

江含徵曰[⑩]：先恶后善，是回头人；先善后恶，是两截人。

殷日戒曰[⑪]：貌善而心恶者，是奸人，亦当分别。

冒青若曰[⑫]：昔人云："善可为而不可为。"唐解元诗云[⑬]："善亦懒为何况恶[⑭]！"当于有无多少中更进一层。

【注释】

①帝力何有于我：帝王的权力跟我有什么关系呢？出自《击壤歌》，相传

唐尧时有人击壤而歌："吾日出而作，日入而息。凿井而饮，耕田而食。帝力何有于我哉？"后来成为歌颂太平盛世的典故。击壤是一种古代游戏，壤用木头做成，形状像履，用手中的壤掷打放在地上的另一块壤，打中为胜。

②杀之而不怨，利之而不庸：圣王的百姓被杀而不怨恨谁，获得利益而不报答谁。出自《孟子·尽心上》："霸者之民欢虞如也，王者之民皞皞如也。杀之而不怨，利之而不庸，民日迁善而不知为之者。"

③以直报怨，以德报德：用公平正直的态度来回应怨恨，用恩德来报答恩德。出自《论语·宪问》，有人问："以德报怨，何如？"用恩德来报答怨恨怎么样？孔子不同意，说："何以报德？以直报怨，以德报德。"

④一介不与，一介不取：一点儿小东西也不随便给人，一点儿小动西也不随便拿。介，通"芥"，草芥。一介：指轻微的东西。出自《孟子·万章上》："其非义也，非其道也，一介不以与人，一介不以取诸人。"

⑤颜子不贰过：颜子不犯已经犯过的错误。据《论语·雍也》记载，孔子称赞弟子颜回"不迁怒，不贰过"。贰，重复。

⑥有不善未尝不知：对于过失没有不知道的。这也是孔子称赞颜回的话，出自《周易·系辞下》："颜氏之子，其殆庶几乎？有不善未尝不知，知之未尝复行也。"

⑦子路人告有过则喜：子路听到别人告诉他自己的过错就很高兴。子路，也是孔子的学生。语出《孟子·公孙丑上》："子路，人告之以有过，则喜。"

⑧吾儒：中国封建时代长期以儒学思想为正统，儒学人士自称"吾儒"，以表示其与道家、佛家有别。

⑨黄九烟：黄周星（1611—1680年），明末清初江南上元人，字景虞，号九烟。明崇祯十三年（1640）进士，做过户部主事。明亡后不仕，隐居，变名黄人，字略似，号半非，别号圃庵，又号汰沃主人、笑苍道人。康熙十九年（1680）端午节，年七十，自沉于南浔而死。著有《九烟先生遗集》《圃庵诗集》等。

⑩江含徵：江之兰，清初医家，字含徵，号文房、香雪斋等。安徽歙县人，著有《医津筏》《内经释要》《文房约》等。

⑪殷日戒：殷曙（1624—?），安徽歙县人，字日戒，号竹溪。他本是张潮父亲张习孔的门人，与张潮亦交好。著有《竹溪杂述》等。

⑫冒青若：冒丹书（1639—?），字青若，号卯君，江苏如皋人，冒襄次子。明贡生，官同知。性孝，常以身救父。著有《枕烟堂集》《西堂集》等。

⑬唐解元：即唐寅（1470—1523年），明代画家、文学家，字子畏、伯虎，号六如居士、桃花庵主等，苏州府吴县人。与沈周、文徵明、仇英合称"明四家"。诗文亦工，有《画谱》《六如居士集》。

⑭善亦懒为何况恶：善事都懒得做，何况是恶事。语出唐寅《言怀》："鱼羹稻衲好终身，弹指流年到四旬。善亦懒为何况恶，富非所望不忧贫。僧房一局金藤着，野店三杯石冻春。自恨不才还自庆，半生无事太平人。"后改为"田衣稻衲拟终身，弹指流年了四旬。善亦懒为何况恶，富非所望不忧贫。僧房一局金藤着，野店三杯石冻春。如此福缘消不尽，半生落魄太平人。"

【译文】

既没有做过善事也没有做过恶事的是圣人（比如帝王的权力跟我有什么关

系呢？被杀而不怨恨谁，获得利益而不报答谁；以正直的态度来回报怨恨，以恩德来回报恩德；如果不合道义，一点儿小东西也不给予别人，一点儿小东西也不向人索求，等等之类）。做善事多做恶少的是贤者（比如颜回不犯已经犯过的错误，对于自己的过错没有不知道的；子路听到别人指出他的错误就很高兴之类）。做善事少恶事多的是庸俗之辈。只做恶事而不做善事的是不知廉耻的小人（这种人偶然做一次好事，也必然有一定的目的）。只知道做善事而没有做过恶事的是仙佛（他们所行的善，也不是我们儒家所说的善）。

【原评译文】

黄九烟说：现在能做到一点儿东西也不随便给别人的人很多，整个天下都是半边儿的圣人。获得利益而不报答别人的人也很多。

江含徵说：先做恶事后做善事，是改过自新的回头人；先行善事后做恶事的是品行不一的人。

殷日戒说：外貌善良而心怀罪恶的是奸诈的人，对此应当加以分辨。

冒青若说：古人说："善行有可以做和不可以做两重境界，不可做即无为而治。"唐解元的诗里说："善行都懒得去做，何况是恶行。"应当比文中的善恶有无多少更进了一层。

第四则

【原文】

天下有一人知己，可以不恨[①]。不独人也，物亦有之。如菊以渊明为知己[②]，梅以和靖为知己[③]，竹以子猷为知己[④]，莲以濂溪为知己[⑤]，桃以避秦人为知己[⑥]，杏以董奉为知己[⑦]，石以米颠为知己[⑧]，荔枝以太真为知己[⑨]，茶以卢仝、陆羽为知己[⑩]，香草以灵均为知己[⑪]，莼鲈以季鹰为知己[⑫]，蕉以怀素为知己[13]，瓜以邵平为知己[14]，鸡以处宗为知己[15]，鹅以右军为知己[16]，鼓以祢衡为知己[17]，琵琶以明妃为知己[18]。一与之订[19]，千秋不移。若松之于秦始[20]，鹤之于卫懿[21]，正所谓不可与作缘者也[22]。

【原评】

查二瞻曰[23]：此非松鹤有求于秦始、卫懿，不幸为其所近，欲避之而不能耳。

殷日戒曰：二君究非知松鹤者，然亦无损其为松鹤。

周星远曰[24]：鹤于卫懿，犹当感恩。至吕政五大夫之爵[25]，直是唐突十八公耳[26]。

王名友曰[27]：松遇封，鹤乘轩，还是知己。世间尚有劚松煮鹤者[28]，此又秦卫之罪人也。

张竹坡曰[29]：人中无知己，而下求于物，是物幸而人不幸矣；物不遇知己，而滥用于人，是人快而物不快矣。可见知己之难，知其难，方能知其乐。

【注释】

①恨：遗憾，遗恨。

②渊明：陶渊明（365—427年），一名潜，字元亮，自号五柳先生，私谥靖节先生，东晋浔阳柴桑人，曾任江州祭酒、镇军参军、建威参军及彭泽县令等职，后“不为五斗米折腰”，辞官归家。陶渊明十分喜爱菊花，写过很多与菊花有关的诗，如《饮酒》中的“采菊东篱下，悠然见南山。”

③和靖：林逋（967—1028年），字君复，钱塘（今浙江杭州）人，北宋诗人。卒谥和靖先生。《宋史·林逋传》中说他不娶、无子，隐居在西湖孤山，终身不仕，以种梅养鹤自娱，有“梅妻鹤子”之称。他有多首咏梅诗，尤其是《山园小梅》中的名句“疏影横斜水清浅，暗香浮动月黄昏”曲尽梅之体态。

④子猷（yóu）：王徽之，字子猷，东晋大书法家王羲之的儿子。曾历任车骑参军、大司马、黄门侍郎，但生性高傲，放诞不羁，后辞官退居山阴。王徽之以爱竹闻名。南朝宋刘义庆《世说新语·任诞》云：“尝暂寄人空宅住，便令种竹。或问：‘暂住何须尔？’王啸咏良久，直指竹曰：‘何可一日无

此君。’”

⑤濂溪：周敦颐（1017—1073 年），原名敦实，字茂叔，号濂溪，道州人，人称濂溪先生。北宋理学家，宋明理学创始人。他写过传世的名篇《爱莲说》，说自己“独爱莲”，赞美莲花品质高洁，是花中的君子。

⑥避秦人：指为躲避秦时战乱而遁世的人，他们隐居在桃花源。典出陶渊明的《桃花源记》：“自云先世避秦时乱，率妻子邑人，来此绝境，不复出焉。”

⑦董奉：字君异，三国时期吴国人，以医术和医德著称于世，与华佗、张仲景齐名。据葛洪《神仙传》记载，董奉隐居庐山，为人治病不取报酬，只要求病患者栽种杏树。年复一年，杏树不计其数，郁然成林，人称“董仙杏林”。卖杏得谷，用以赈济贫困百姓。后因以“杏林”代指良医，用“杏林春暖”、“杏林国手”等称颂医生医道高明。

⑧米颠：米芾（1051—1107 年），字元章，时人号襄阳漫士、海岳外史，自号鹿门居士。北宋著名的书法家、书画理论家，画家，鉴定家、收藏家。米芾祖籍太远，后定居润州，召为书画学博士，擢礼部员外郎。因其衣着行为以及迷恋书画珍石的态度皆被当世视为癫狂，故又有“米癫”之称。

⑨太真：即唐玄宗的宠妃杨玉环，据《新唐书》记载，开元二十八年（740）十月，以为玄宗母亲窦太后祈福的名义，敕书杨氏出家为女道士，道号“太真”。她爱吃新鲜荔枝，玄宗每年令人从岭南用快马进贡，供她食用。杜牧《过华清宫绝句》中有：“一骑红尘妃子笑，无人知是荔枝来。”

⑩卢仝（tóng，约 795—835 年）：晚唐诗人，自号玉川子，祖籍范阳（今河北涿州），卢照邻之后。其诗风奇诡险怪，人称“卢仝体”，有《玉川子诗集》传世。他喜饮茶，曾作《走笔谢孟谏议寄新茶》一诗，其中的“七碗”之吟脍炙人口：“一碗喉吻润，两碗破孤闷。三碗搜枯肠，唯有文字五千卷。四碗发轻汗，平生不平事，尽向毛孔散。五碗肌骨清，六碗通仙灵。七碗吃不得也，唯觉两腋习习清风生。”对茶的功效大加赞赏。这首诗也被称为“玉川茶歌”。陆羽（733—804 年）：唐代复州竟陵（今湖北天门）人，字鸿渐，号竟陵子、桑苎翁、东冈子等。著有我国第一部茶学专著《茶经》，被誉

为“茶仙”、“茶圣”、“茶神”。《新唐书·陆羽传》记：“羽嗜茶，著经三篇，言茶之原、之法、之具尤备，天下益知饮茶矣。”

⑪香草：有香气的草。灵均：即战国时期诗人屈原（约前340—前278年）的字，他曾在《离骚》中自云：“名余曰正则兮，字余曰灵均。”

⑫莼（chún）鲈：本指莼菜羹和鲈鱼脍，这里指莼菜和鲈鱼。季鹰：张翰，字季鹰，西晋吴郡吴县（今江苏苏州）人，见政事混乱，欲避祸南归。见秋风吹起，就说想念家乡的菰菜、莼羹、鲈鱼脍，于是弃官还乡。成语“莼鲈之思”和“鲈脍莼羹”即由此而来。

⑬怀素（725—785年）：唐代僧人、书法家，字藏真，三藏法师玄奘的弟子，俗姓钱。他性情疏放，不拘细行，以狂草闻名，与张旭并称“颠张狂素”。据宋陶谷《清异录》记载，怀素好书法，但家境贫寒买不起纸，便广植芭蕉，以蕉叶代纸练字，并把自己的住所称为“绿天庵”。

⑭邵平：也作召平，秦时的东陵侯，秦亡后成为平民百姓，在长安城东郊种瓜为生，传说他种的瓜味道极美，被当时人称为“东陵瓜”。《史记·萧

相国世家》："召平者，故秦东陵侯。秦破，为布衣，贫，种瓜于长安城东，瓜美，故世俗谓之'东陵瓜'，从召平以为名也。"

⑮处宗：晋人，生平不详。南朝宋刘义庆《幽明录》中记载，晋朝宋处宗买了一只长鸣鸡，十分喜爱，把鸡笼放在窗前。后来鸡突然说起话来，与他对谈，"极有言智，终日不辍"，使得宋处宗谈话的水平大为提高。后人因以"谈鸡"、"窗中碧鸡"形容畅谈、清谈，用"鸡窗"来指书斋。

⑯右军：王羲之（303—361年，一说321—379年），字逸少，原籍琅琊（今属山东临沂），后迁居会稽山阴（今浙江绍兴），东晋大书法家，有"书圣"之称，后官至右军将军，人称"王右军"。王羲之爱鹅成癖，传说是因为他从观察鹅游水时鹅掌的动作中，学习书法的用腕技巧。据《晋书·王羲之传》记载，他喜爱鹅，有个孤居的老太太养了只善鸣的鹅，王羲之想买来而未能得，于是带亲友坐车去看，老太太听说他要来，赶紧煮了鹅招待他，王羲之叹惜了一整天。山阴道士养有好鹅，王羲之又去看，十分喜爱，坚持要买，道士请他写《黄庭经》来换，他"欣然写毕，笼鹅而归，甚以为乐"。后来这部《黄庭经》被称作右军正书第二，又被称作《换鹅帖》。

⑰祢（mí）衡（173—198年）：字正平，东汉平原郡人，为人恃才傲物，和孔融交好。曹操听说他善击鼓，便召为鼓史，令他改穿鼓史的服装。祢衡敲奏《渔阳》参挝，声节悲壮，听者为之动容。祢衡裸身在曹操面前换装，又到营门外大骂曹操。曹操把他送到刘表处，刘表也不能容，又送到江夏太守黄祖处，终因得罪黄祖被杀。

⑱明妃：即王昭君，名嫱，字昭君，汉元帝宫人。因不肯贿赂画工毛延寿而遭丑化。竟宁元年（前33），匈奴呼韩邪单于求美人和亲，昭君自愿请求嫁予匈奴。晋代避司马昭的讳，改称明君，后人又称为明妃。

⑲一与之订：一旦与其结为知己。订，订交。

⑳松之于秦始：秦始皇二十八年（前219）封禅泰山，半路上遇到暴雨，于是在大松树下躲避，因为此树护驾有功，于是按秦官爵封为五大夫。五大夫是战国、秦汉时的官名。

㉑鹤之于卫懿（yì）：据《左传·闵公二年》记载，春秋时期卫国国君卫

懿公喜欢养鹤，宫苑中不仅养鹤众多，还令鹤享受大臣待遇，甚至让鹤乘坐大夫才能坐的轩车，引发了百姓的强烈不满。狄人入侵时，卫国的士兵们抱怨说："还是派鹤去迎敌吧，它们享受着禄位，怎么能让我们去战斗！"因此兵败。

㉒不可与作缘：不应该和他们发生瓜葛。作缘，指结缘，结交。

㉓查二瞻：查士标（1615—1698 年），明末清初著名画家，字二瞻，号梅壑，安徽休宁人，寓居扬州。明末诸生，明亡后闭门高卧。著有《种书堂遗稿》。

㉔周星远：不详。

㉕吕政：指秦始皇嬴政。据说他为吕不韦所生，称其为吕政，含有轻蔑之意。

㉖十八公：指松树，因为松字可拆为十、八、公三个字，所以以此来代指松树。

㉗王名友：不详。

㉘劚（zhú）松煮鹤：砍倒松树，煮食仙鹤，比喻糟蹋美好的事物。劚：砍。

㉙张竹坡：张道深（1670—1698 年），字自德，号竹坡，铜山（今江苏徐州）人。曾经评点《金瓶梅词话》，后在扬州与张潮相识，并拜为叔侄。

【译文】

普天之下只要有一个知己，就不会有遗憾了。不仅人是这样，万物也是这样的。如菊花把陶渊明视为知己，梅花把林逋视为知己，翠竹把王徽之看作知己，莲花把周敦颐视作知己，桃花把避秦人作为知己，杏树把董奉当作知己，奇石将米芾当作知己，荔枝把杨贵妃视作知己，茶把卢仝、陆羽作为知己，香草把屈原作为知己，莼羹鲈脍把张翰视为知己，芭蕉把怀素视为知己，瓜把邵平视为知己，鸡把处宗视为知己，鹅把王羲之视为知己，琵琶把王昭君视为知己。他们之间一旦结为知己，千秋万代也不会改变。至于说像泰山松与秦始皇、春秋鹤与卫懿公，则正如古人所言，是不应该与他们结缘的。

【原评译文】

查二瞻说：这并不是松树和鹤向秦始皇、卫懿公要求这样做，而是不幸被他们所亲近，想躲避却不能罢了。

殷日戒说：秦始皇和卫懿公终究不是松鹤的知己，但松树和鹤并没有因他们的亲近名誉受到伤害。

周星远说：鹤对于卫懿公，仍然应当感激思念。至于秦始皇封松树为“五大夫”，真是唐突松树了。

王名友说：松树遇到封官、鹤能够乘车，尚且还算是知己。世上还有砍倒松树、煮食仙鹤的人，这又是秦始皇和卫懿公的罪人了。

张竹坡说：人类中没有知己，而向下求之于物，这是物的幸运，人的不幸；在物中寻求不到知己，不加选择地用情到人的身上，是人的快乐，物的不快乐。由此可见知己的难得。懂得知己的难得，才能更加深刻地体会知己相交的快乐。

第五则

【原文】

为月忧云，为书忧蠹①，为花忧风雨，为才子佳人忧命薄，真是菩萨心肠。

【原评】

余淡心曰②：洵如君言，亦安有乐时耶！

孙松坪曰③：所谓君子有终身之忧者耶！

黄交三曰④：“为才子佳人忧命薄”一语，真令人泪湿青衫。

张竹坡曰：第四忧，恐命薄者消受不起。

江含徵曰：我读此书时，不免为蟹忧雾。

竹坡又曰：江子此言，直是为自己忧蟹耳。

尤悔庵曰[⑤]：杞人忧天，嫠妇忧国[⑥]，无乃类是。

【注释】

①为书忧蠹（dù）：替书担忧被蠹虫蛀蚀。蠹，蠹鱼，又名银鱼、白鱼、衣鱼等，是蛀食书籍、衣物等的虫子，线装古籍常常被蠹虫毁坏。

②余淡心：即余怀。

③孙松坪：即孙致弥。

④黄交三：即黄泰来，字交三，一字竹舫，号石闾，江苏泰州人，黄云次子，宗元鼎婿。好读书，善词赋，兼工隶篆绘事，与兄阳生时称“二雄”。曾随孔尚任到北京入王士禛幕。著有《观海集》《浮香阁集》《岱青楼集》等。

⑤尤悔庵：尤侗（1618—1704年），字同人、展成，号悔庵、西堂，晚号艮斋，江南长洲人。明末清初著名诗人、戏曲家。明诸生，康熙十八年（1679）举博学鸿词科，列为二等，管授翰林院检讨，参修《明史》。诗、词、曲、古文俱佳，被康熙称为“老名士”。有《艮斋杂记》《鹤栖堂

文集》《西堂杂俎》，及传奇《钧天乐》、杂剧《读离骚》《吊琵琶》《桃花源》《清平调》等。

⑥嫠（lí）妇忧国：寡妇担忧国家大事，比喻毫无由来的忧虑。嫠妇：寡妇。

【译文】

为月亮担心被云彩遮蔽，为书籍担心被蠹虫蛀蚀，为鲜花担心被风雨侵袭，为才子佳人担心他们命运无常，这真是大慈大悲的菩萨心肠呀。

【原评译文】

余淡心说：如果确实像你说的那样，那哪儿有快乐的时候啊！

孙松坪说：这就是所谓的君子有一辈子的忧虑吗？

黄交三说："为才子佳人忧命薄"这句话，真让人泪湿衣衫。

张竹坡说：第四种忧虑，恐怕命薄的人承受不起。

江含徵说：我读这段话时，不由得替螃蟹担忧大雾的侵凌。

竹坡又说：江先生这话，只是替自己担忧没有螃蟹吃罢了。

尤悔庵说：杞人担心上天倾塌，寡妇忧虑国家大事，恐怕都是这样吧。

第六则

【原文】

花不可以无蝶，山不可以无泉，石不可以无苔，水不可以无藻，乔木不可以无藤萝，人不可以无癖①。

【原评】

黄石闾曰②："事到可传皆具癖"，正谓此耳。

孙松坪曰：和长舆却未许藉口③。

【注释】

①癖：癖好，嗜好。这里所说的癖，是指对某一事物的过分关注、痴迷。

②黄石闾：即黄泰来。

③和长舆：和峤（？—292年），字长舆，西晋汝南西平（今河南西平）人。家中十分富有，却很吝啬，杜预称其有“钱癖”。藉口：指借别人的话作为依据。

【译文】

鲜花不能没有蝴蝶作伴，青山不能没有泉水穿流其中，石头上不能没有青苔点缀，水上不能没有水藻漂浮，高大的树木不能没有藤萝攀缘，人不能没有自己的癖好。

【原评译文】

黄石闾说：“某种嗜好到了可以传言的程度就是一种癖好”，这话是对的。

孙松坪说：和峤却不能以癖好为借口，遮掩他吝啬的本性。

第七则

【原文】

春听鸟声，夏听蝉声，秋听虫声，冬听雪声。白昼听棋声，月下听箫声，山中听松声[①]，水际听欸乃声[②]，方不虚生此耳。若恶少斥辱，悍妻诟谇[③]，真不若耳聋也。

【原评】

黄仙裳曰[④]：此诸种声颇易得，在人能领略耳。

朱菊山曰[⑤]：山老所居[⑥]，乃城市山林，故其言如此。若我辈日在广陵城市中[7]，求一鸟声，不啻如凤凰之鸣[8]，顾可易言耶？

释中洲曰[9]：昔文殊选二十五位圆通[10]，以普门耳根为第一[11]。今心斋居士耳根不减普门，吾他日选圆通，自当以心斋为第一矣。

张竹坡曰：久客者，欲听儿辈读书声，了不可得。

张迂庵曰[12]：可见对恶少、悍妻，尚不若日与禽虫周旋也。又曰：读此，方知先生耳聋之妙。

【注释】

①松声：风吹过松林发出的像波涛般的特殊响声，称为松涛或松风。

②欸乃（ǎi nǎi）声：本指摇橹划船的声音，后来也指船歌或渔歌，即划船时唱的歌。唐元结有乐府《欸乃曲》："谁能听欸乃，欸乃感人情。"题注："棹船之声。"唐代柳宗元谪居永州时写有一首《渔翁》："渔翁夜伴西岩宿，晓汲清湘燃楚竹。烟消日出不见人，欸乃一声山水绿。回看天际下中流，岩上无心云相逐。"后有人据此做古琴曲，称为《渔歌》或《欸乃歌》，借以表达淡泊名利、寄情山水的情趣。

③诟谇（gòu suì）：辱骂。

④黄仙裳：黄云（1621—1702 年），字仙裳，一字樵青，号旧樵、悠然堂等，江苏泰州人。他工画擅诗，明清之际，于江淮一带颇负盛名。明末诸生，明亡后隐居不仕。有《悠然堂集》《桐引楼诗》等。

⑤朱菊山：朱慎，字其恭，号菊山，武义人，居扬州，善作诗，性格豪放，与孔尚任等友善。

⑥山老：指张潮，字山来。

⑦广陵：即江苏扬州。

⑧不啻（chì）：如同。

⑨释中洲：法名海岳，字菌人，号中洲，住金陵（今江苏南京）清凉寺，工画。

⑩文殊：佛教大乘菩萨，为释迦牟尼佛的左胁侍，专司"智慧"，与司"理"的右胁侍普贤并称。圆通：佛教语，谓悟觉法性，圆即不偏倚，通即无阻碍。据《楞严经》记载："阿难及诸大众，蒙佛开示，慧觉圆通，得无疑

惑。”观音菩萨以耳根圆通，被文殊菩萨赞为二十五圆通中第一圆通，故观音又称圆通大士。

⑪普门：佛教语，指普摄一切众生的广大圆融的法门。见《法华经·观世音菩萨普门品》。此处代指观音菩萨。耳根：佛教语，六根之一，指对声境而生耳识者。

⑫张迂庵：不详。

【译文】

春天听鸟鸣，夏天听蝉唱，秋天听虫子唧唧叫的声音，冬天听雪落的声音。白天听下棋的落子声，明月当空时听悠远的箫声，身处在大山之中听松林风啸的声音，水边听摇橹声，才算没有白长了这双耳朵。假如听到是无赖少年的呵斥辱骂，蛮横女人的叫骂恶言，那真不如耳朵聋了的好。

【原评译文】

黄仙裳说：这几种声音很容易听到，在于人能不能欣赏罢了。

朱菊山说：张老先生居住在城市中的山林，所以他这样说。要是像我们这些人整天待在扬州城中，听到一声鸟叫，就像是听到凤凰的叫声一样，哪里还能说出容易听到的话。

释中洲说：当年文殊菩萨评选二十五圆通，把观世音菩萨的耳根列为第一。如今心斋居士的耳根不亚于观世音，我将来要是评选圆通，自然当把心斋列为第一。

张竹坡说：常年在外的人，想要听孩子们的读书声，是完全不可能的。

张迂庵说：由此可见整日面对无赖少年、凶悍妻子，还不如整天与禽鸟虫类相处。又说：读了这篇才理解张老先生耳聋的妙处。

第八则

【原文】

上元须酌豪友[①]，端午须酌丽友，七夕须酌韵友[②]，中秋须酌谈友，重九须酌逸友[③]。

【原评】

朱菊山曰：我于诸友中，当何所属耶？

王武徵曰[④]：君当在豪与韵之间耳。

王名友曰：维扬丽友多[⑤]，豪友少，韵友更少。至于淡友、逸友，则削迹矣。

张竹坡曰：诸友易得，发心酌之者为难能耳。

顾天石曰[⑥]：除夕须酌不得意之友。

徐砚谷曰[⑦]：惟我则无时不可酌耳。

尤谨庸曰[⑧]：上元酌灯，端午酌彩丝，七夕酌双星，中秋酌月，重九酌菊，则吾友俱备矣。

【注释】

①上元：即上元节，中国传统节日，在每年的农历正月十五，又称为元宵、元夜、灯节等。古代以正月十五日为上元，七月十五日为中元，十月十

五日为下元，合称三元。豪友：豪爽的朋友。

②七夕：农历七月七日，相传为牛郎织女鹊桥相会的日子。旧俗女子于这晚在庭院中进行乞巧活动，故也称乞巧节。

③重九：农历九月九日，一般称为重阳节。

④王武徵：王方岐，字武徵，号蒙谷，江苏扬州人。明朝遗民，与郑听庵、徐地山等为“竹西十逸”。著有《蒙斋文集》《蒙斋诗集》。

⑤维扬：即扬州。

⑥顾天石：顾彩（1650—1718 年），字天石，号补斋、湘槎，别号梦鹤居士，江苏无锡人，清代戏曲家。官至内阁中书。与孔尚任交往密切，合写《小忽雷》传奇，并改《桃花扇》为《南桃花扇》。另有《往深斋集》《辟疆园文稿》《鹤边词》及戏曲作品《楚辞谱》《后琵琶记》《大忽雷》。

⑦徐砚谷：不详。

⑧尤谨庸：尤珍（1647—1721 年），字谨庸，一字慧珠，号沧湄，尤侗之子，江南长洲县人。康熙二十年（1681）进士，曾任翰林院庶吉士，并出任《大清会典》《明史》《三朝国史》纂修官，深于诗学，著有《沧湄札记》《沧湄诗钞》等。

【译文】

上元节要与豪爽的朋友畅饮，端午节要与美丽潇洒的朋友对饮，七夕节要与风雅有情趣的朋友对饮，中秋节要与性情淡泊恬静的朋友对饮，重阳节要与超然脱俗的朋友对饮。

【原评译文】

朱菊山说：我在这几种朋友中，应该属于哪一类？

王武徵说：您应该在性情豪放和风雅有情趣之间。

王名友说：扬州美丽的朋友多，豪放的朋友少，有韵致的朋友更少，至于擅长清谈的朋友、隐逸的朋友，更是迹象全无。

张竹坡说：这几种朋友都容易找到，动心共饮的人才是难能可贵的。

顾天石说：除夕应该与不得志的朋友共饮。

徐砚谷说：只有我不用选择时令，随时都可以对饮。

尤谨庸说：元宵节赏灯而饮，端午节对着彩色丝带而饮，七夕节与牛郎织女星共饮，中秋节与月亮共饮，重阳节对着菊花共饮，那么我的各种朋友就都有了。

第九则

【原文】

鳞虫中金鱼①，羽虫中紫燕②，可云物类神仙。正如东方曼倩避世金马门③，人不得而害之。

【原评】

江含徵曰：金鱼之所以免汤镬者④，以其色胜而味苦耳。昔人有以重价觅奇特者，以馈邑侯⑤。邑侯他日谓之曰："贤所赠花鱼殊无味。"盖已烹之矣。世岂少削圆方竹杖者哉⑥？

【注释】

①鳞虫：指鱼和龙这类体表有鳞甲的动物。虫，古代对动物的总称，泛指动物。《大戴礼记·曾子天圆》中说："介虫之精者曰龟，鳞虫之精者曰龙。"

②羽虫：禽鸟类。《孔子家语·执辔》中有："羽虫三百有六十而凤为之长。"紫燕：燕的一种，也称越燕。体形小而多声，因颔下紫色而得名，多在屋檐下筑窝，分布于江南。唐代顾况《悲歌》有："紫燕西飞欲寄书，白云何处逢来客。"

③东方曼倩：东方朔（前154—前93年），字曼倩，汉平原厌次（今山东陵县）人，西汉文学家，汉武帝时任常侍郎、太中大夫等职。他性格诙谐，滑稽多智，司马迁在《史记》中称他为"滑稽之雄"。著有《答客难》《非有

先生论》《封泰山》等，后人汇为《东方太中集》，收入《汉魏六朝百三家集》中。金马门：汉代宫门名。学士待诏之处。《史记·滑稽列传》："金马门者，宦（者）署门也。门傍有铜马，故谓之曰'金马门'。"东方朔到长安时，曾待诏于此。

④汤镬（huò）：被放入锅内用滚水煮。镬，古代的大锅。

⑤邑侯：指县令。

⑥削圆方竹杖：将方竹的手杖削圆，指不识珍贵之物，没有眼光。方竹：竹子的一种，外形微方，质坚。古人多用其制作手杖，称方竹杖。宋张表臣《珊瑚钩诗话》卷二："李卫公镇南徐，甘露寺僧有戒行，公赠以方竹杖，出大宛国，盖公所宝也。及公再来，问：'杖无恙否？'僧欣然曰：'已规圆而漆之矣。'公嗟惋弥日。"

【译文】

鱼中的金鱼，飞鸟中的紫燕，可以说是动物中的神仙。就像东方朔在金马门待诏，隐居官场，人们却无法加害他一样。

【原评译文】

江含徵说：金鱼之所以能免于被放入滚水锅煮食的命运，是因为其外观漂亮而味道苦。从前有人以高价购买到稀奇珍贵的金鱼，用来送给县令。有一天，县令对他说："你送的金鱼实在没什么滋味。"大概他已经把金鱼给煮食了。世上像这些庸俗不解事的人还少吗？

第一〇则

【原文】

入世须学东方曼倩，出世须学佛印了元[①]。

【原评】

江含徵曰：武帝高明喜杀，而曼倩能免于死者，亦全赖吃了长生酒耳[②]。

殷日戒曰：曼倩诗有云："依隐玩世，诡时不逢。"以其所以免死也[③]。

石天外曰[④]：入得世，然后出得世。入世、出世打成一片，方有得心应手处[⑤]。

【注释】

①佛印了元：佛印（1032—1098年），宋代名僧，俗姓林，名了元，字觉老，饶州浮梁人。他工书能诗，尤善言辩，与周敦颐、苏轼友善，是佛教禅宗南五家之一的云门宗的代表人物之一，曾主持庐山归宗寺等著名寺院。

②长生酒：指能使人长生不死的酒。据北宋范致明《岳阳风土记》引南朝庾穆之《湘洲记》记载，君山上有"饮之即不死，为神仙"的仙酒。汉武帝曾派人寻取，不料被东方朔先偷喝了。武帝大怒，要杀他。东方朔却说："使酒有验，杀臣亦不死；无验，安用酒为？"武帝于是笑而释之。这其实是将《韩非子·说林上》中"有献不死之药于荆王"这个故事附会到东方朔的

身上了。

③依隐玩世，诡时不逢：指依违于政事和隐居之间，玩身于世，行为虽与时势相违背，却也不会遭到祸害。出自《汉书·东方朔传》："首阳为拙，柱下为工；饱食安步，以仕易农；依隐玩世，诡时不逢。"

④石天外：即石庞。

⑤得心应手：指心里怎么想，手就能怎么做。比喻技艺纯熟或做事非常顺利。出自《庄子·天道》："不徐不疾，得之于手而应于心。"

【译文】

进入官场应该学东方朔，超脱尘世必须学佛印了元。

【原评译文】

江含徵说：汉武帝明晓事理但喜好杀人，而东方朔能够免于被杀害的命运，全靠吃了神仙的长生酒罢了。

殷日戒说：东方朔的诗里说："依违于政事和隐居之间，玩身于世，行为虽与时势相违背，却也不会遭到祸害。"这也是他能够免于被杀害的原因。

石天外说：能够入得世俗，而又能保持超脱尘世的境界，将入世、出世合为一体，才能在人生旅途中得心应手，应付自如。

第一一则

【原文】

赏花宜对佳人，醉月宜对韵人，映雪宜对高人[①]。

【原评】

余淡心曰：花即佳人，月即韵人，雪即高人。既已赏花醉月映雪，即与对佳人韵人高人无异也。

江含徵曰：若对此君仍大嚼，世间那有扬州鹤②？

张竹坡曰：聚花月雪于一时，合佳韵高为一人，吾当不赏而心醉矣。

【注释】

①映雪：原指晚上借雪的反光读书，据传孙康家贫，常映雪读书，这里泛指赏雪。高人：志趣、品行高尚的人或超凡脱俗的人，多指隐士。

②若对此君仍大嚼，世间那有扬州鹤：若对着竹子还能大口吃肉，世间哪儿有骑鹤下扬州这么称心如意的事？这句诗出自苏轼诗《于潜僧绿筠轩》，此诗歌咏竹子，称“无肉令人瘦，无竹令人俗”。此君，指竹子。典出《晋书·王徽之传》：“（徽之）尝寄居空宅中，便令种竹。或问其故，徽之但啸咏指竹曰：‘何可一日无此君邪！’”后作竹的代称。扬州鹤，形容称心如意之事。典出南朝宋殷芸《小说》：“有客相从，各言所志，或愿为扬州刺史，或愿多资财，或愿骑鹤上升。其一人曰：‘腰缠十万贯，骑鹤上扬州。’盖欲兼三人者之所欲也。”

【译文】

赏花时应该有美丽漂亮的人相陪，对月畅饮时应该有风韵雅士相伴，赏雪应该与超然脱俗的高士一起。

【原评译文】

余淡心说：花就是美丽漂亮的人，月亮就是风雅有韵味的人，雪就是超然脱俗的高士。既然已经赏花醉月映雪了，那就和与美人、雅士、高士相处没有什么不同了。

江含徵说：就像对着竹子仍然大块吃肉一样，世间哪有“腰缠十万贯，骑鹤上扬州”那样称心如意的事情。

张竹坡说：将花、月、雪聚在同一景中，将美人、雅士、高士合为同一个人，我恐怕不待欣赏就心中陶醉了。

第一二则

【原文】

对渊博友，如读异书①；对风雅友，如读名人诗文；对谨饬友②，如读圣贤经传；对滑稽友，如阅传奇小说③。

【原评】

李圣许曰④：读这几种书，亦如对这几种友。

张竹坡曰：善于读书取友之言。

【注释】

①异书：珍贵或罕见的书籍。李贤注引晋袁山松《后汉书》：“充所作《论衡》，中土未有传者，蔡邕入吴始得之，恒秘玩以为谈助。其后王朗为会稽太守，又得其书，及还许下，时人称其才进。或曰：‘不见异人，当得异书。’”

②谨饬友：指言行慎重、周到的朋友。

③传奇小说：泛指戏曲、小说。传奇本是中国古代小说的一种体裁，其源出于六朝“志怪”，而内容已扩展到人情世态和社会生活的描写，情节曲折多变，内容离奇丰富。另外，后代的戏曲作品，尤其是明代长篇南戏作品，

也称为传奇。

④李圣许：不详。

【译文】

和学识渊博的朋友相处，就像读一本内容丰富的奇书；同风流儒雅的朋友相处，就像在读名人的诗文创作；同言行谨慎持重的朋友相处，就像读名人贤士所著的经籍传疏；同诙谐风趣的朋友相处，就像在阅读讲述奇闻异事的小说。

【原评译文】

李圣许说：读这几种书，也像和这几种朋友相处。

张竹坡说：这是善于读书和交友的人所发的言论。

第一三则

【原文】

楷书须如文人，草书须如名将，行书介乎二者之间，如羊叔子缓带轻裘①，正是佳处。

【原评】

程韡老曰②：心斋不工书法，乃解作此语耶！

张竹坡曰：所以羲之必做右将军。

【注释】

①羊叔子：即羊祜，字叔子，蔡邕外孙，三国魏末西晋初泰山南城人。《晋书》有传，他是晋初名臣，文武双全，曾任荆州都督，他“在军常轻裘缓带，身不披甲”，一派儒将风度。

②程韡（wěi）老：程京萼（1645—1715 年），字韦华，号祓斋、野处堂

等，清代书法家，金陵上元（今江苏南京）人。经学家程廷祚之父，性耿介，不求闻达。书法学黄庭坚，空灵瘦硬，包世臣《艺舟双揖》列其行书于逸品下十六人之列。

【译文】

楷书要写得像文人那样沉稳有力，草书要写得像将领那样雄风勃发，而行书书写则应该介于两者之间，就像晋代羊祜在威严的军营中穿着轻便华丽的服装那样潇洒自如，从容不迫，正是恰到好处。

【原评译文】

程辨老说：张先生不擅长书法，竟懂得说出这般深刻的话来。

张竹坡说：由于这个缘故，王羲之一定要做右将军了。

第一四则

【原文】

人须求可入诗，物须求可入画。

【原评】

龚半千曰[1]：物之不可入画者，猪也，阿堵物也[2]，恶少年也。

张竹坡曰：诗亦求可见得人，画亦求可像个物。

石天外曰：人须求可入画，物须求可入诗，亦妙。

【注释】

①龚半千：龚贤（1618—1689 年），又名岂贤，字半千，一字野遗，号半亩居人、柴丈人、钟山野老、半亩居人等，明遗民，原籍昆山，隐居江宁清凉山下半亩园。善画山水，为金陵八家之首，能诗，兼工书法。著有《画诀》《香草堂集》《半亩园诗草》等。

②阿堵物：指钱。语出南朝宋刘义庆《世说新语·规箴》："王夷甫雅尚玄远，常忌其妇贪浊，口未尝言钱事。妇欲试之，令婢以钱绕床不得行。夷甫晨起，见钱阂行，呼婢曰：'举却阿堵物。'"阿堵，六朝人口语，即这个。后人遂以"阿堵物"指钱。

【译文】

人应该追求能入诗的境界，物品应该追求能够入画的形态。

【原评译文】

龚半千说：物品中不能入画的有猪、钱、无赖的少年。

张竹坡说：诗也希求能够见得人，画也要求能像某个物品。

石天外说：人也应该追求能够入画，物也应该追求富于诗意，也很妙啊！

第一五则

【原文】

少年人须有老成之识见[①]，老成人须有少年之襟怀。

【原评】

江含徵曰：今之钟鸣漏尽、白发盈头者[②]，若多收几斛麦[③]，便欲置侧室[④]，岂非有少年襟怀耶？独是少年老成者少耳。

张竹坡曰：十七八岁便有妾，亦居然少年老成。

李若金曰[⑤]：老而腐板，定非豪杰。

王司直曰[⑥]：如此方不使岁月弄人。

【注释】

①老成：指年高有德或阅历多而练达世事的人，泛指成年人。

②钟鸣漏尽：晨钟已鸣，更漏将尽，指深夜，在这里比喻人年老力衰，

已到迟暮之年。《三国志·魏书·田豫传》："年过七十而以居位，譬犹钟鸣漏尽，而夜行不休，是罪人也。"

③斛：旧量器名，亦是容量单位，一斛本为十斗，后来改为五斗。

④侧室：妾。

⑤李若金：李淦（1626—？），字若金，一字季子，号水樵，南明举人，博学多才，性好山水，著有《砺园集》《燕翼篇》等。

⑥王司直：王臬（niè），字司直，康熙间秀水（今浙江嘉兴）人，寓居南京。与其兄王概、王蓍皆能诗善画，他们合编了《芥子园画传》。

【译文】

年轻人应当具备老年人成熟的见解，老年人应当具有年轻人朝气蓬勃的胸怀。

【原评译文】

江含徵说：现在那些年已迟暮、满头白发的人，如果多收了几斛麦子，就想要娶妾，这难道不是具有年轻人的胸怀吗？只是年轻而能沉稳干练的人太少了。

张竹坡说：才十七八岁就有了妾，这算是少年老成吧！

李若金说：年老又迂腐刻板的人，一定不是豪杰之士。

王司直说：像这样年轻而沉稳干练、年老而不失率真朝气，才不虚度时光。

第一六则

【原文】

春者天之本怀[①]；秋者天之别调[②]。

【原评】

石天外曰：此是透彻性命关头语。

袁中江曰[③]：得春气者，人之本怀，得秋气者，人之别调。

尤悔庵曰：夏者天之客气[④]，冬者天之素风[⑤]。

陆云士曰[⑥]：和神当春，清节为秋，天在人中矣。

【注释】

①本怀：本来的心愿、胸怀。

②别调：另一种风味、情调。

③袁中江：底本作“袁江中”，误。袁启旭，字士旦，号中江，宣城（在今安徽）人，侨居芜湖。诗及书法皆警迈，宗室红兰主人称之为“南中第一才子”。著有《中江纪年诗集》。

④客气：古代用以说明气候变化的术语，与主气相对。主气指每年各个季节固定的气候变化，客气则指气候的具体变化。

⑤素风：此处大致意思如主气，意谓平素的作风。

⑥陆云士：陆次云，字云士，钱塘（今浙江杭州）人，清文学家。康熙间举博学鸿词科试，未中。后任河南郏县、江苏江阴知县，颇有官声。著有

《澄江集》《玉山词》等。

【译文】

春天，生机勃勃，是大自然本来的情怀；秋天，万物凋零，是大自然的另一种情调。

【原评译文】

石天外说：这是彻底了悟宇宙人生的精辟之言。

袁中江说：得到生机勃勃之气的，是人的本来情怀；得到萧瑟洒脱之气的，是人的另一种情调。

尤悔庵说：夏天，是上天的虚骄之气；冬天，是上天的质朴风格。

陆云士说：具有谦虚祥和的神气就像是春天，具有纯洁高尚的情操就像是秋天，这就是上天的品质在人中的体现。

第一七则

【原文】

昔人云[①]：“若无花月美人，不愿生此世界。”予益一语云：“若无翰墨棋酒，不必定作人身。”

【原评】

殷日戒曰：枉为人身生在世界者，急宜猛省。

顾天石曰：海外诸国，决无翰墨棋酒。即有，亦不与吾同，一般有人，何也？

胡会来曰[②]：若无豪杰文人，亦不须要此世界。

【注释】

①昔人：下文“若无花月美人”这段话，有好几种书都引用过。晚明曹

臣编《舌华录》说是“吴逵”所言，陈继儒编《竹屋三书》则说是“吴延祖”的话。吴逵、吴延祖具体情况不详，亦未知是否为同一人。

②胡会来：不详。

【译文】

过去有人说：假如没有鲜花、月色和美人，就不愿意活在这个世界上。我再加一句：假如没有文章、书画、围棋和美酒，就没有必要一定要作为一个人存在。”

【原评译文】

殷日戒说：枉自托生为人活在这个世界上的人，应当赶快觉悟。

顾天石说：在海外的一些国家，一定没有文章、书画、围棋和美酒，就算有，也跟我们的不相同，但那里也一样生活着人类，为什么？

胡会来说：假如没有才能出众的英雄和能写文章的读书人，就没有必要有这个世界。

第一八则

【原文】

愿在木而为樗①（不才，终其天年），愿在草而为蓍②（前知）③，愿在鸟而为鸥（忘机）④，愿在兽而为廌⑤（触邪），愿在虫而为蝶（花间栩栩）⑥，愿在鱼而为鲲（逍遥游）⑦。

【原评】

吴菌次曰⑧：较之《闲情》一赋⑨，所愿更自不同。

郑破水曰⑩：我愿生生世世为顽石。

尤悔庵曰：第一大愿。又曰：愿在人而为梦。

尤慧珠曰[11]：我亦有大愿，愿在梦而为影。

弟木山曰[12]：前四愿皆是相反，盖前知则必多才，忘机则不能触邪也。

【注释】

①樗（chū）：一种落叶乔木，俗名臭椿，气味很难闻，被古人认为是无用之材。语出《庄子·逍遥游》："吾有大树，人谓之樗，其大本臃肿而不中绳墨，其小枝卷曲而不中规矩。立之涂，匠者不顾。"

②蓍（shī）：蓍草，一种多年生草本植物，古人常以其茎作占卜，以预测吉凶。

③前知：有预测能力，可以事先知道。

④忘机：忘却机诈、计较的心思，常用以指甘于淡泊、与世无争的心境。

⑤廌（zhì）：就是"豸"，或作"獬豸"，是古代传说中的异兽，有的记载说它只有一只角，能辨善恶曲直，见人相斗，则以角触邪恶无理者。后来人们把它作为司法公正的象征。

⑥花间栩栩：在花丛中愉悦从容地飞来飞去。栩栩，欢喜自得的样子。语出《庄子·齐物论》："昔者庄周梦为胡蝶，栩栩然胡蝶也。"

⑦鲲（kūn）：古代传说中的大鱼。出自《庄子·逍遥游》："北冥有鱼，其名为鲲。鲲之大，不知其几千里也。化而为鸟，其名为鹏。鹏之背，不知其几千里也。怒而飞，其翼若垂天之云……水击三千里，抟扶摇而上者九万里。"鲲、鹏是自在逍遥、不受羁绊的象征。

⑧吴薗（yuán）次：吴绮（1619—1694年），后改吴钟，字薗次，号听翁、林惠堂、红豆词人等。他祖籍安徽歙县，居江都。工诗词和骈文，被称为"江都才子"。清顺治十一年（1654）拔贡，任秘书院中书舍人，后任湖州知府。著有《林蕙堂诗文集》《艺香词》等。

⑨《闲情》：指陶渊明《闲情赋》，其中有"愿在衣而为领"、"愿在裳而为带"、"愿在竹而为扇"、"愿在木而为桐"等表达心愿的诗句。

⑩郑破水：郑晋德，字破水，安徽歙县人，著有《三友棋谱》。

⑪尤慧珠：即尤珍。

⑫弟木山：即张潮之弟张渐，字木山，他曾与张潮一起编纂《昭代丛书》丙集。

【译文】

在树木中希望做臭椿（因为它不是使用的材料，而能够得以长存），在草中希望做蓍草（因为它能够未卜先知），在鸟中希望做鸥鸟（因为它能忘却心机，亲近异类，快乐地生活），在兽中希望做獬豸（因为它能辨别是非曲直，用角抵邪恶之人），在昆虫中希望做蝴蝶（因为它能在花丛中翩翩起舞，既美丽又自由），在鱼中希望做鲲（因为它能化作大鹏鸟，胸怀大志，展翅万里）。

【原评译文】

吴菌次说：这些愿望跟《闲情赋》相比较，所希望的大为不同。

郑破水说：我希望生生世世做未经开凿的石头。

尤悔庵说：这些都是最大的愿望。又说：假如是人，我愿成为梦。

尤慧珠说：我也有一大愿望，假如是梦，我愿成为影子。

弟木山说：前边四种愿望说的都是反话，因为能够未卜先知的必然有才，假如真的忘却心机，又怎能识别曲直而触不正之人呢。

第一九则

【原文】

黄九烟先生云："古今人必有其偶双①，千古而无偶者，其惟盘古乎②！"予谓盘古亦未尝无偶，但我辈不及见耳。其人为谁？即此劫尽时最后一人是也③。

【原评】

孙松坪曰：如此眼光，何啻出牛背上耶？

洪秋士曰④：偶亦不必定是两人，有三人为偶者，有四人为偶者，有五六七八人为偶者。是又不可不知。

【注释】

①偶双：成双配对、与之相对的人。

②盘古：中国古代神话传说中开天辟地的人物。

③劫：道教认为天地不停地经历从形成到毁灭的循环过程，每一次循环称为一劫。劫，为梵文音译"劫波"的略称，意为极久远的时间。

④洪秋士：洪嘉植，字去芜，号秋士，安徽歙县人。著有《耕云子传》《大荫堂集》。

【译文】

黄九烟先生说："古往今来的人必定都有相配的对象，自古以来没有可以相配的人只有一个，那就是盘古吧！"我认为盘古也不是没有相配之人，只不过我们这些凡人没能见到罢了。这个人是谁呢？他便是经历天崩地陷这一劫难后最后一人。

【原评译文】

孙松坪说：这样短浅的眼光，只当是出自牛背上罢了。

洪秋士说：成双配对的不一定必须是两个人，还有三人相配的，有四人相配的，有五六七八人相配的，这是应当知道的。

第二〇则

【原文】

古人以冬为三余①，予谓当以夏为三余：晨起者夜之余，夜坐者昼之余，午睡者应酬人事之余②。古人诗云："我爱夏日长③。"洵不诬也④。

【原评】

张竹坡曰：眼前问冬夏皆有余者，能几人乎？

张迂庵曰：此当是先生辛未年以前语⑤。

【注释】

①古人：指三国时期魏国的董遇。据《魏略》记载，董遇是研究《老子》《左传》等的专家，有人向他求学，他让对方"必当先读百遍"，"书读百遍而义自见"。三余：求学的人说苦于时间不够，董遇让他们利用"三余"的时间，就是"冬者岁之余，夜者日之余，阴雨者时之余"。后以"三余"泛指空闲时间。

②人事：交际应酬。

③我爱夏日长：这句诗出自唐文宗李昂与书法家柳公权的《夏日联句》："人皆苦炎热，我爱夏日长（李昂）。熏风自南来，殿阁生微凉（柳公权）。"

④洵：诚然，确实。诬：欺骗，说谎。

⑤辛未年：指康熙三十年辛未（1691），此年张潮以岁贡生授翰林院孔目，此前他并未出仕。

【译文】

古人把冬天当做三种读书的余暇之一，我认为应当把夏天也看成三种读书的余暇之一。清晨起来时是夜的余暇，夜晚闲坐时是白昼的余暇，午睡时是应酬人事后的余暇。古人诗中说："我喜欢夏天白昼漫长。"确实没有欺骗人。

【原评译文】

张竹坡说：问问现在冬天夏天都有余暇的能有几个人？

张迂庵说：这应当是张先生在辛未年以前说的话。

第二一则

【原文】

庄周梦为蝴蝶[①]，庄周之幸也；蝴蝶梦为庄周，蝴蝶之不幸也。

【原评】

黄九烟曰：惟庄周乃能梦为蝴蝶，惟蝴蝶乃能梦为庄周耳。若世之扰扰红尘者，其能有此等梦乎？

孙恺似曰：君于梦之中，又占其梦耶？

江含徵曰：周之喜梦为蝴蝶者，以其入花深也。若梦甫酣而乍醒[2]，则又如嗜酒者梦赴席，而为妻惊醒，不得不痛加诟谇矣。

张竹坡曰：我何不幸而为蝴蝶之梦者！

【注释】

①庄周梦为蝴蝶：庄子梦中化为蝴蝶。故事出自《庄子·齐物论》中的一段议论："昔者庄周梦为胡蝶，栩栩然胡蝶也。自喻适志与！不知周也。俄然觉，则蘧蘧然周也。不知周之梦为胡蝶与？胡蝶之梦为周与？周与胡蝶，则必有分矣。此之谓物化。"

②甫：刚刚，才。

【译文】

庄周梦见自己变为蝴蝶，是庄周的幸运；蝴蝶梦见自己变为庄周，是蝴蝶的不幸。

【原评译文】

黄九烟说：只有庄周能做梦化为蝴蝶，只有蝴蝶能梦见自己变成庄周。像世上那些在纷杂的人世间追名逐利的人，他们能做出这样的梦吗？

孙恺似说：张先生是在梦中又做梦吧？

江含徵说：庄周高兴梦见蝴蝶，是因为他喜欢在万花丛中飞舞。如果你正做美梦突然醒来，或者嗜酒的人正梦见去赴宴，突然被妻子惊醒，一定大为恼火，痛加责骂啊。

张竹坡说：我为什么这么不幸，不能做一个梦见变成蝴蝶的人呢？

第二二则

【原文】

艺花可以邀蝶①，累石可以邀云②，栽松可以邀风③，贮水可以邀萍，筑台可以邀月④，种蕉可以邀雨⑤，植柳可以邀蝉。

【原评】

曹秋岳曰：藏书可以邀友。

崔莲峰曰⑥：酿酒可以邀我。

尤艮斋曰⑦：安得此贤主人？

尤慧珠曰：贤主人非心斋而谁乎？

倪永清曰⑧：选诗可以邀谤。

陆云士曰：积德可以邀天，力耕可以邀地。乃无意相邀而若邀之者，与邀名邀利者迥异。

庞天池曰⑨：不仁可以邀富。

【注释】

①艺花：种植花草。艺，种植，栽种。邀：邀请，这里是招致，招引的意思。

②累石：把石头堆叠起来造假山。邀云：古人认为云与山石有密切关系，

云从山石深穴中出来，又回到石穴中休憩，所以山崖石穴被称为云根，云根处的矿石被称为云母、云英等。

③栽松可以邀风：风吹过松林可以发出特殊的松涛声。

④台：古时修建的一种高而平的方形建筑，用以观赏四面风景。

⑤蕉：即芭蕉，芭蕉叶子大，同荷叶一样，雨点滴落在芭蕉叶子上发出很响的声音，且连续不断。雨打芭蕉在古典文学中一般用来表现凄清、孤寂、愁郁之情。

⑥崔莲峰：即崔华，字莲峰，号不凋，直隶平山人。与儿子崔如岳一起点评了《幽梦影》。

⑦尤艮斋：即尤侗。

⑧倪永清：生卒年不详，法名超定，松江（今属上海）人。《五灯全书》卷九十七有载："（松江倪超定永清居士）淹博古今，以诗名世。"

⑨庞天池：即前文所出现的庞笔奴。

【译文】

种植花卉可以招来蝴蝶，堆叠奇石可以招来白云，栽植松树可以招来清风，贮积池水可以招来浮萍，建筑高台可以招来月光，栽种芭蕉可以招来雨水，种植柳树可以招来鸣蝉。

【原评译文】

曹秋岳说：收藏书籍可以招来文人笔友。

崔莲峰说：酿造美酒可以招我前来。

尤艮斋说：哪里能遇到这样贤惠的主人？

尤慧珠说：贤惠的主人不是张先生又是谁呢？

倪永清说：选编诗集可以招致毁谤。

陆云士说：积累德行可以获得上天保佑，努力耕作可以获得大地的保佑。这些都是不邀自到的，与那些一心求名求利的人完全不同。

庞天池说：不讲仁德可以获得富贵。

第二三则

【原文】

景有言之极幽而实萧索者①，烟雨也；境有言之极雅而实难堪者②，贫病也；声有言之极韵而实粗鄙者③，卖花声也。

【原评】

谢海翁曰④：物有言之极俗而实可爱者，阿堵物也。

张竹坡曰：我幸得极雅之境。

【注释】

①景：景色。幽：幽静娴雅。萧索：凄凉寂寞。

②言之极雅：说起来非常高雅。

③韵：风韵雅致。粗鄙：粗俗鄙陋。

④谢海翁：谢开宠，字晋侯，号海翁，安徽寿州（今安徽寿县）人。顺治九年（1652）进士，任四川宜宾知县。洁己爱民，案无留牍。后辞官归里，病卒。著有《元宝公案》，收入《檀几丛书》初集。

【译文】

景色有说起来极其幽静，而实际非常萧条冷落的，那就是烟雨迷蒙；境遇有说起来非常风雅而其实令人难以忍受的，那就是贫病交加；声音有说起来非常有韵味而实际上很粗鄙的，那就是叫卖花的声音。

【原评译文】

谢海翁说：物品有说起来非常俗气而实际上很招人喜爱的，那就是钱。

张竹坡说：我有幸得到极其不俗的境遇，那就是贫病潦倒。

第二四则

【原文】

才子而富贵，定从福慧双修得来①。

【原评】

冒青若曰：才子富贵难兼，若能运用富贵，才是才子，才是福慧双修。世岂无才子而富贵者乎？徒自贪着，无济于人，仍是有福无慧。

陈鹤山曰②：释氏云③："修福不修慧，象身挂璎珞④。修慧不修福，罗汉供应薄⑤。"正以其难兼耳。山翁发为此论，直是夫子自道。

江含徵曰：宁可拼一副菜园肚皮⑥，不可有一副酒肉面孔。

【注释】

①福慧双修：也作福惠双修，指福德和智能都达到至善的境地。

②陈鹤山：陈翼，字鹤山，长洲（今江苏苏州）人。少孤，既冠，以塾师为业。孔尚任至扬州为官，欣赏其文，延之入幕内。陈翼闻孔尚任格致之理，读其著作，遂师事之。两人相处三年，曾为孔校订《湖海集》。著有《草堂集》。

③释氏：谓佛，佛姓释迦氏，简称释。

④璎珞：古代用珠玉穿成戴在颈项上的装饰品。

⑤罗汉：佛教语，梵文的音译，也译作阿罗汉。释迦牟尼的弟子，有十八、一百零八和五百之数。

⑥菜园肚皮：满腹粥菜，即生活清苦。典出三国魏人邯郸淳之《笑林》："有人常食蔬茹，忽食羊肉，梦五脏神曰：'羊踏破菜园。'"

【译文】

有才气而又出身富贵，一定是从行善积德和聪明智慧两方面共同修行得来的。

【原评译文】

冒青若说：才气和富贵很难同时具备。如果能恰当地使用富贵，才是真正的才子，才是真正做到行善积德和聪明智慧双修。世上难道没有既是才子又出身富贵的吗？只是自己贪求，不能帮助别人，是有福气没有智慧。

陈鹤山说：佛家说："修福报不修慧根，就如身上挂满璎珞。修慧根不修福报，就如阿罗汉只能得到很少的供奉。"正是因为才气和富贵难以同时具备啊。张先生发表这一番议论，正是自己说自己。

江含徵说：宁可有一副清寒贫苦的菜园肚皮，也不愿要一张庸俗贪婪的酒肉面孔。

第二五则

【原文】

新月恨其易沉[①]，缺月恨其迟上[②]。

【原评】

孔东塘曰[③]：我唯以月之迟早为睡之迟早耳。

孙松坪曰：第勿使浮云点缀尘滓太清[④]，足矣。

冒青若曰：天道忌盈，沉与迟，请君勿恨。

张竹坡曰：易沉迟上，可以卜君子之进退。

【注释】

①新月：农历每月初出的弯形月亮，这时的月亮升起的时间早，下落的时间也比较早，所以后文说“恨其易沉”。现在称之为“上弦月”。

②缺月：残缺不圆的月亮，这里指的是农历每月月末的残月，这时的月亮要到下半夜才升起，所以说“迟上”。现在称为“下弦月”。

③孔东塘：孔尚任（1648—1718 年），字聘之，一字季童，号东塘，又号岸堂主人，别号云亭山人，曲阜（今属山东）人，孔子六十四代孙，清初著名戏曲作家。康熙二十五年（1686）由监生授国子监博士，官至户部员外郎。他博学工诗文，通音律。以戏曲《桃花扇》负盛名，另有传奇《小忽雷》（与顾彩合撰），另刊刻有《湖海集》《岸堂文集》《绰约词》等。

④第：但，只要。尘滓：细小的尘灰渣滓，此处用作动词，有污染、弄脏之意。太清：指天空。

【译文】

新月令人遗憾它下落得太快，残月令人遗憾它升起得太晚。

【原评译文】

孔东塘说：我只是按照月亮升起的早晚而睡罢了。

孙松坪说：千万不要让浮云遮蔽明月，尘土污染天空就足够了。

冒青若说：上天忌恨圆满，易沉与迟升请你们都不要遗憾。

张竹坡说：月亮下落得早和升起得晚可以用来预测仕子的升迁和贬谪。

第二六则

【原文】

躬耕吾所不能[1]，学灌园而已矣[2]；樵薪吾所不能[3]，学薙草而已矣[4]。

【原评】

汪扶晨曰[5]：不为老农而为老圃，可云半个樊迟[6]。

释菌人曰[7]：以灌园、薙草自任自待，可谓不薄。然笔端隐隐有非其种者锄而去之之意。

王司直曰：予自名为识字农夫，得无妄甚？

【注释】

①躬耕：亲自去耕田种地。诸葛亮《出师表》：“臣本布衣，躬耕于南阳。”

②灌园：浇灌园圃。汉杨恽《报孙会宗书》：“是故身率妻子，勠力耕桑，灌园治产，以给公上。”这些活跟农业生产比是一些比较轻松的活儿。

③樵薪：砍柴。

④薙（tì）草：除去野草。

⑤汪扶晨：汪士铉，原名征远，字扶晨，号栗亭，又字文升，号退谷，安徽钦县人。康熙三十六年（1697）二甲第一名进士，由翰林编修官至左春

坊左中允。康熙四十七年（1708）丁母忧去官，闲居京师。著有《长安宫殿考》《全秦艺文志》《栗亭诗集》等。

⑥樊迟：樊须，字子迟，孔子的学生，春秋末期鲁国人（一说齐国人）。据《论语·子路》记载："樊迟请学稼，子曰：'不如老农。'请学为圃。曰：'吾不如老圃。'樊迟出。子曰：'小人哉，樊须也！上好礼，则民莫敢不敬；上好义，则民莫敢不服；上好信，则民莫敢不用情。夫如是，则四方之民襁负其子而至矣，焉用稼？'"

⑦释菌人：即僧人释中洲。

【译文】

亲自耕种我做不到，学着浇灌园圃还能做到；砍柴我做不到，学着拔除杂草还是能做到的。

【原评译文】

汪扶晨说：不做耕田的老农而做浇灌田园的老园翁，可以说是半个樊迟。

释菌人说：以灌溉园圃、拔除杂草来自己评价自己，可以说并不菲薄，但是笔端隐隐有不是种田的均要排除在外的意思。

王司直说：我自称为识字的农夫，是不是太狂妄了？

第二七则

【原文】

一恨书囊易蛀，二恨夏夜有蚊，三恨月台易漏①，四恨菊叶多焦②，五恨松多大蚁，六恨竹多落叶，七恨桂荷易谢③，八恨薜萝藏虺④，九恨架花生刺⑤，十恨河豚多毒⑥。

【原评】

江药庵曰[7]：黄山松并无大蚁，可以不恨。

张竹坡曰：安得诸恨物尽有黄山乎？

石天外曰：予另有二恨，一曰才人无行，二曰佳人薄命。

【注释】

①月台：古时为赏月而筑的露天平台。漏：指夜漏，古计时器。

②焦：焦黄，焦枯。

③桂荷易谢：荷花开在夏季，桂花开在中秋前后，花期都不长。

④薜（bì）萝：薜荔和女萝的合称。两者皆野生植物，常攀缘于山野林木或屋壁之上，古代常常连用。虺（huǐ）：古书上说的一种毒蛇。

⑤架花：需要用架子来支撑的攀援类花木，如蔷薇、木香、荼蘼、紫藤等。

⑥河豚：鱼名，古称鲀、鲐、鲑等，河豚肉味鲜美，但肝脏、生殖腺及血液有剧毒，食用时容易中毒，其毒可以致命。我国沿海和某些内河有出产。苏轼《惠崇春江晚景》中说：“蒌蒿满地

芦芽短，正是河豚欲上时。”

⑦江药庵：不详。

【译文】

我第一恨的是书籍容易被虫蛀蚀，第二恨的是夏天夜晚有蚊子，第三恨的是赏月的时间过得很快，第四恨的是菊花的叶容易焦枯，第五恨的是松树下有很多大蚂蚁，第六恨的是竹子落叶太多，第七恨的是桂花、荷花容易凋谢，第八恨的是薜萝藤下藏有毒蛇，第九恨的是攀架的花枝上长着刺，第十恨的是河豚有毒。

【原评译文】

江药庵说：黄山的松树下并没有大蚂蚁，可以不用怨恨了。

张竹坡说：怎么能使各种所怨恨之物都生长于黄山呢？

石天外说：我另外还有两个憾恨：一个是有才华的人品行不好，一个是美貌多才的女子命运不好。

第二八则

【原文】

楼上看山，城头看雪，灯前看月，舟中看霞，月下看美人，另是一番情境。

【原评】

江允凝曰[①]：黄山看云，更佳。

倪永清曰：做官时看进士，分金处看文人[②]。

毕右万曰[③]：予每于雨后看柳，觉尘襟俱涤[④]。

尤谨庸曰：山上看雪，雪中看花，花中看美人，亦可。

【注释】

①江允凝：江注（1626—1685 年后），字允凝，一字允冰，号若米舫，安徽歙县人。善画山水，后出家为僧，隐于黄山，传世作品有《黄山图》《著色山水人物图》《小青绿山水图》等。著有《允凝诗草》。

②分金处看文人：分钱财的时候看文人的品行。

③毕右万：毕三复，字右万，安徽歙县人，著有《枞亭近稿》。

④尘襟俱涤：世俗情怀被洗涤一空。

【译文】

登上高楼遥望远山，爬上城头遥看雪景，在华灯下看月亮，在小船上看云霞，在月光下看美人，别有一番情趣。

【原评译文】

江允凝说：在黄山上观看云雾更加壮观。

倪永清说：做官的时候看进士的志向，分钱财的时候看读书人的品行。

毕右万说：我经常在雨后看柳树，觉得世俗情怀都被洗涤一空。

尤谨庸说：在山上看雪，雪里看花，花里看美人，也是一种胜景。

第二九则

【原文】

山之光，水之声，月之色，花之香，文人之韵致，美人之姿态，皆无可名状[①]，无可执著[②]，真足以摄召魂梦，颠倒情思[③]。

【原评】

吴街南曰[④]：以极有韵致之文人，与极有姿态之美人，共坐于山水花月间，不知此时魂梦何如？情思何如？

【注释】

①无可名状：没有办法形容、描摹出来。

②执著：原为佛教语。指对某一事物坚持不放，无法超脱，后泛指拘泥或坚持。《百喻经·梵天弟子造物因喻》："诸外道见是断常事已，便生执著，欺诳世间作法形象，所说实是非法。"这里是掌握、看得见摸得着的意思。

③摄召魂梦，颠倒情思：使人魂牵梦萦，十分痴迷。

④吴街南：吴肃公（1626—1699年），字雨若，号晴岩，一号逸鸿，别号街南，安徽宣城人。明末诸生，师事同邑人沈寿民，入清后不仕，以卖字行医为业。他是明末清初江南遗民中重要的学者、史学家、文学家，与黄宗羲、王猷定、徐枋、蒋平阶、李邺嗣、魏禧等交游。文章似韩愈，后人称他"文不苟作，同时惟顾炎武能之"。他虽多病体弱，但勤奋著述，一生著作甚富，多实录易代之际忠烈仁义之事，著有《明语林》《云间杂记》《街南文集》《街南文集续集》《诗问》等。

【译文】

高山的光影，溪水的声响，月光的颜色，鲜花的香气，文人的风雅情致，美人的容貌仪态，都难以用言语形容，无法刻意追求，这些确实足以令人魂牵梦萦，忘乎所以。

【原评译文】

吴街南说：让极其风雅有情趣的文人和极其有姿色神韵的美人，相伴坐于山水间花前月下，不知道这时候你的神魂梦境是什么样子？情思又是什么样子？

第三〇则

【原文】

假使梦能自主，虽千里无难命驾①，可不羡长房之缩地②；死者可以晤对③，可不需少君之招魂④；五岳可以卧游⑤，可不俟婚嫁之尽毕⑥。

【原评】

黄九烟曰：予尝谓鬼有时胜人，正以其能自主耳。

江含徵曰：吾恐“上穷碧落下黄泉，两地茫茫皆不见”也⑦。

张竹坡曰：梦魂能自主，则可一生死⑧，通人鬼，真见道之言也。

【注释】

①虽：即使。命驾：命令赶车的人准备车辆马匹，准备出行。南朝刘义庆《世说新语·简傲》：“嵇康与吕安善，每一相思，千里命驾。”

②长房：费长房，东汉汝南人，是著名的术士，能行缩地术，可化远为近，瞬息而至。《后汉书·方术列传》《太平广记》等书中记载了他的事迹。费长房本来做市掾这样的小官，后来碰上仙人壶公，跟着学习了一些法术，“遂能医疗众病，鞭笞百鬼及驱使社公”。晋代葛洪的《神仙传·壶公》记载：“费长房有神术，能缩地脉，千里存在目前宛然，放之复舒如旧也。”有时一天之间，人们可以在千里之外的好几个地方见到他。据说他最后因为失去了仙符而被众鬼所杀。

③晤（wù）对：会面，见面。

④少君：应为“少翁”之误。李少翁为汉武帝时术士。曾以方术为武帝招已卒王夫人（一说为李夫人）之魂魄，被拜为文成将军。《史记·孝武本纪》：“上有所幸王夫人，夫人卒，少翁以方术，盖夜致王夫人及灶鬼之貌云，天子自帷中望见焉。”

⑤卧游：本指在屋里欣赏山水风景的画图，以想象来代替亲至游览，这里指睡梦中游玩。语出《宋书·宗炳传》：“澄怀观道，卧以游之。”

⑥俟：等到。婚嫁：指儿女的婚娶嫁送之事。毕：完成。

⑦上穷碧落下黄泉，两地茫茫皆不见：出自唐代诗人白居易的《长恨歌》，指寻遍九天之上和九地之下，却还是茫然无获。碧落，道家称天界为碧落。黄泉，指人死后埋葬的地方，阴间。

⑧一生死：即“一死生”，指将生和死当成同一事物。语出晋代书法家王羲之《兰亭集序》：“固知一死生为虚诞，齐彭殇为妄作。”

【译文】

假如梦境能够由自己做主，即使远隔千里也不难驱驾赶到，可以不必羡慕费长房的缩地之术；假如能和死去的人面对面地交谈，可以不需要李少翁的招魂之术；假如五岳可以在睡梦中游玩，那么不必等儿女婚嫁的时候都已游览完毕。

【原评译文】

黄九烟说：我曾经说鬼有时候胜过人，就是因为他能够自己做主。

江含徵说：这样的好事我恐怕“上穷碧落下黄泉，两地茫茫皆不见”啊。

张竹坡说：在梦境中的魂魄能够自己做主，则可以将生与死等同一物，往来人鬼之间，真是达到道的最高境界啊。

第三一则

【原文】

昭君以和亲而显①，刘蕡以下第而传②，可谓之不幸，不可谓之缺陷。

【原评】

江含徵曰：若故折黄雀腿而后医之，亦不可。

尤悔庵曰：不然，一老宫人③，一低进士耳④。

【注释】

①和亲：指封建王朝利用婚姻关系与边疆各族统治者结亲和好。显：显扬，扬名。

②刘蕡（fén）：字去华，唐朝幽州昌平（今属北京）人。唐文宗太和二年（828），他应贤良对策，论宦官之害，考官畏宦官之势而不敢取录他。他去世后，李商隐有《哭刘蕡》诗："平生风义兼师友，不敢同君哭寝门。"下第：参加科举考试不中者称下第，又称"落第"、"不第"。传：名声传扬。

③老宫人：年老的宫女。

④低进士：年轻的进士。

【译文】

王昭君因为出塞和亲而名声显扬，刘蕡因为落第而名传天下，他们的命运可以称得上是不幸，但不能说是有欠缺或不够完备。

【原评译文】

江含徵说：如果故意折断黄雀的腿然后再替它医治，也是不可以的。

尤悔庵说：不这样的话，不过是一个年老的宫女，一个年轻的进士罢了。

第三二则

【原文】

以爱花之心爱美人，则领略自饶别趣①；以爱美人之心爱花，则护惜倍有深情。

【原评】

冒辟疆曰②：能如此，方是真领略、真护惜也。

张竹坡曰：花与美人何幸，遇此东君③！

【注释】

①领略：领会，欣赏。饶：富有，富足。别趣：特别的韵味、趣味。

②冒辟疆：冒襄（1611—1693年），字辟疆，号巢民，又号朴巢，晚年自号醉茶老人。明末清初江南如皋（今江苏）人。明崇祯十五年（1642）副贡，与方以智、陈贞慧、侯方域友善，合称“明末四公子”。入清后隐居不仕，屡拒清廷征

召，常往来扬州，以友朋文酒为乐。擅古文、诗、词，书法亦工，著有《巢民诗集》《水绘园诗文集》《影梅庵忆语》等。

③东君：东家，对主人的尊称。

【译文】

以爱花的心意去爱美人，便会领会感受到另外一种情趣；以爱美人的心理去爱花，那么对花的爱护怜惜之情也会加倍深刻。

【原评译文】

冒辟疆说：如果能够这样做，才是真的领会欣赏、真的爱护怜惜啊。

张竹坡说：鲜花与美人是多么幸运能遇到这样的主人！

第三三则

【原文】

美人之胜于花者，解语也[①]；花之胜于美人者，生香也。二者不可得兼，舍生香而取解语者也。

【原评】

王勿翦曰[②]：飞燕吹气若兰[③]，合德体自生香[④]，薛瑶英肌肉皆香[⑤]，则美人又何尝不生香也。

【注释】

①解语：懂得理解话语。这里是用唐玄宗评论杨贵妃的典故。五代王仁裕《开元天宝遗事·解语花》条："明皇秋八月，太液池有千叶白莲数枝盛开，帝与贵戚宴赏焉。左右皆叹羡久之，帝指贵妃示于左右曰：'争如我解语花耶?'"以"解语花"来称赞杨贵妃不仅貌美，更聪慧、善解人意，后世多以此来比喻美女。

②王勿翦（jiǎn）：王棠，字勿翦，号燕在阁，安徽歙县人。著有《燕在阁文集》，曾仿顾炎武的《日知录》而作《燕在阁知新录》。

③飞燕：赵飞燕，西汉成帝皇后，本为阳阿主家的歌女，号飞燕，她体态轻盈，身轻如燕，传说中能作掌上舞。吹气若兰：形容美女嘴里呼出的气息像兰花的香气。出自三国时期魏曹植的《美女篇》："顾盼遗光采，长啸气若兰。"

④合德：汉代美女，相传是赵飞燕的妹妹。亦被成帝召入宫中，后取代赵皇后，成为成帝最宠幸的妃嫔，封为昭仪。相传其肤滑体香，后为成帝所幸，谓为"温柔乡"。

⑤薛瑶英：唐宰相元载的宠妾，据唐苏鹗《杜阳杂编》记载，她"仙姿玉质，肌香体轻"，因其母"生瑶英，而幼以香啖之，故肌香也"。

【译文】

美人胜过娇花的地方，在于她们通解语言；娇花胜过美人的地方，在于它能够散发香气。这二者不能同时拥有，就舍弃生香的鲜花而选择通解语言的美人。

【原评译文】

王勿翦说：赵飞燕呼吸的气息如兰花一般，赵合德身体天生散发香气，薛瑶英的肌肤都是香的，可见美人又何尝不会散发香气呢。

第三四则

【原文】

窗内人于窗纸上作字①，吾于窗外观之，极佳。

【原评】

江含徵曰：若索债人于窗外纸上画，吾且望之却走矣②。

【注释】

①作字：写字。

②且：将，将要。却走：退走，退避。

【译文】

窗子里面的人在窗户纸上写字，我在窗外观看，感到特别漂亮。

【原评译文】

江含徵说：若是讨债的人在窗外的纸上画画，我望见就要马上躲开了。

第三五则

【原文】

少年读书，如隙中窥月①；中年读书，如庭中望月②；老年读书，如台上玩月③。皆以阅历之浅深，为所得之浅深耳。

【原评】

黄交三曰：真能知读书痛痒者也。

张竹坡曰：吾叔此论，直置身广寒宫里④，下视大千世界⑤，皆清光似水矣。

毕右万曰：吾以为学道亦有浅深之别。

【注释】

①隙中窥月：从窗户的缝隙中窥看月亮，只能见到局部，比喻读书只见部分，不能理解全貌。

②庭中望月：在庭院中举头望月，比喻读书已能够把握全貌，已经能够真正理解，较窥月有所进步，但立足点还不够高。

③台上玩月：在通透高筑的月台上赏月，比喻读书已能从容取舍，自在

随心，尽得其精华。

④广寒宫：月宫。

⑤大千世界：泛指整个人间社会。为“三千大千世界”的简称。以须弥山为中心，以铁围山为外郭，是一小世界。一千个小世界合起来就是小千世界，一千个小千世界合起来就是中千世界，一千个中千世界合起来就是大千世界。

【译文】

少年时读书，就好像从缝隙中窥视明月；中年时读书，就像站在庭院中仰头望月；老年时读书，就像独立高台赏玩明月。这些都是因为一个人阅历的深浅不同，决定了读书所领悟程度的深浅不同。

【原评译文】

黄交三说：真是一位能够了解读书关键所在的人啊。

张竹坡说：我长辈的这番议论，简直如置身广寒宫中，向下看大千世界，就像水一样清澈。

毕右万说：我认为学道也有浅与深的分别。

第三六则

【原文】

吾欲致书雨师[①]：春雨宜始于上元节后（观灯已毕）[②]，至清明十日前之内（雨止桃开）及谷雨节中[③]；夏雨宜于每月上弦之前及下弦之后（免碍于月）[④]；秋雨宜于孟秋、季秋之上下二旬（八月为玩月胜境）[⑤]；至若三冬[⑥]，正可不必雨也。

【原评】

孔东塘曰：君若果有此牍，吾愿作致书邮也[⑦]。

余生生曰[⑧]：使天而雨粟[⑨]，虽自元旦雨至除夕，亦未为不可。

张竹坡曰：此书独不可致于巫山雨师。

【注释】

①致书：给别人写信。雨师：神话传说中掌管降雨的神。

②观灯：上元节观看花灯。

③清明：农历二十四节气之一，旧称三月节。在公历四月五日前后。《月令七十二候集解》："三月节……物至此时，皆以洁齐而清明矣。"谷雨：也是农历二十四节气之一，在清明之后。

④上弦：上弦月。指农历每月的初七或初八，在地球上看到月亮呈月牙形，其弧在右侧。这种月相叫"上弦"。下弦：下弦月。指农历每月二十二日或二十三日，此时月形与上弦月相反，其弧在左侧。

⑤孟秋：农历秋季的三个月成为三秋，分别是孟秋七月、仲秋八月和季秋九月。胜境：佳境，优美之境，这里是好时节之意。

⑥三冬：农历冬天的三个月。

⑦致书邮：送信人。《世说新语·任诞》："殷洪乔（殷羡）作豫章郡，临去，都下人因附百许函书。既至石头，悉掷水中，因祝曰：'沉者自沉，浮者自浮，殷洪乔不能作致书邮。'"

⑧余生生：余畚（běn，1607—1685 年），字生生，号钝庵，四川青神人，著有《增益轩诗草》。

⑨雨粟：天上降下粟谷。

【译文】

我想给掌管下雨的神明写封信：春雨应该在元宵节之后开始下（观赏彩灯已经结束），停于清明前十天之内（春雨停止，桃花开了），或者谷雨节时也可以；夏天的雨应该下在每月的上弦之前以及下弦之后（免得妨碍观赏月亮）；秋雨应该下在孟秋和季秋的上下两旬（八月是赏月的最好时辰）；到了冬天的三个月，正好不需要下雨了。

【原评译文】

孔东塘说：您要是真写了这封信，我愿意做送信人。

余生生说：假如天上下的是粮食雨，就是从元旦下到除夕也不是不可以。

张竹坡说：这封信唯独不能寄给巫山雨师。

第三七则

【原文】

为浊富不若为清贫[①]，以忧生不若以乐死[②]。

【原评】

李圣许曰：顺理而生，虽忧不忧；逆理而死，虽乐不乐。

吴野人曰[③]：我宁愿为浊富。

张竹坡曰：我愿太奢，欲为清富，焉能遂愿？

【注释】

①浊富：为富不仁，贪婪而卑鄙。

②以忧生：指在忧患穷愁之中苟且偷生。

③吴野人：吴嘉纪（1618—1684年），字宾贤，号野人，江苏泰州（今江苏东台）人。少时从事盐场劳动，并勤学苦读。入清不仕，隐居泰州安丰盐场，与一些富有民族气节的人士交往。吴嘉纪工诗，其诗法孟郊、贾岛，语言简朴通俗，内容多反映百姓贫苦，以“盐场今乐府”诗闻名于世，著有《陋轩诗集》等。

【译文】

做一个心地不仁的富人，不如做一个有操守的穷人；在忧愁苦闷中生存，不如达观快乐地死去。

【原评译文】

李圣许说：顺应天理生活，虽然身处忧虑的境地也不感到忧虑；违逆天理而死，虽然快乐也不是真正的快乐。

吴野人说：我宁愿做一个心地不仁的富人。

张竹坡说：我的愿望太过奢侈，想要做一个有操守的富人，怎么才能够实现愿望呢？

第三八则

【原文】

天下唯鬼最富，生前囊无一文，死后每饶楮镪[①]；天下唯鬼最尊，生前或受欺凌，死后必多跪拜。

【原评】

吴野人曰：世于贫士，辄目为穷鬼，则又何也？

陈康畴曰[②]：穷鬼若死，即并称尊矣。

【注释】

①楮镪（chǔ qiǎng）：祭供时焚化用的纸钱。楮，树名，落叶乔木，树皮是制造桑皮纸和宣纸的原料，古人以此代称纸。镪，成串的钱，明清时多指银子或银锭。

②陈康畴：陈均，字康畴，安徽歙县人。著有《画眉笔谈》，记豢养画眉鸟之事。

【译文】

天下只有鬼最富有，生前袋子里没有一文钱，死后总有许多纸钱纸锭可供享用；天下只有鬼最尊贵，生前有的要受到欺侮凌辱，死后却必定被许多人跪拜。

【原评译文】

吴野人说：世间的人常常把贫穷的读书人视为穷鬼，这又是什么缘故呢？

陈康畴说：这些贫穷的读书人如果死了，立即被称道尊敬。

第三九则

【原文】

蝶为才子之化身[1]，花乃美人之别号[2]。

【原评】

张竹坡曰："蝶入花房香满衣"，是反以金屋贮才子矣[3]。

【注释】

①化身：指人或事物所转化的种种形象。这里用《庄子·齐物论》中"庄周梦蝶"的典故。

②别号：正名以外的名字、代称。

③金屋：化用古代"金屋藏娇"的典故。据说汉武帝刘彻封胶东王时曾表示若能娶阿娇为妻，就要让她住在金屋里。这里是戏用典故。

【译文】

蝴蝶是才子变成的，花朵是美人的另一种称号。

【原评译文】

张竹坡说："蝴蝶飞入花房中浑身沾满芳香"，这样反而是金屋藏才子了。

第四〇则

【原文】

因雪想高士，因花想美人，因酒想侠客，因月想好友，因山水想得意诗文。

【原评】

弟木山曰：余每见人一长一技，即思效之；虽至琐屑，亦不厌也。大约是爱博而情不专。

张竹坡曰：多情语，令人泣下。

尤谨庸曰：因得意诗文想心斋矣。

李季子曰[1]：此善于设想者。

陆云士曰：临川谓“想内成，因中见”[2]，与此相发。

【注释】

①李季子：即李淦。

②临川：指汤显祖（1550—1617年），明抚州府临川（今江西抚州）人，字义仍，号若士、清远道人、茧翁，明代杰出戏曲家。早有文名，不应首辅张居正延揽而四次落第，后又因不附权贵，被削职，遂辞官回家，专事写作。著有《紫钗记》《牡丹亭》《邯郸记》《南柯记》，合称“玉茗堂四梦”或“临川四梦”。另有诗文集《红泉逸草》《问棘邮草》《玉茗堂集》。想内成，因中见：指因想象而生，一切事都因缘而成。出自《牡丹亭·惊梦》【鲍老催】中的唱词：“这是景上

缘，想内成，因中见。”

【译文】

看到雪便想起隐逸的高洁之人，看到花便想到漂亮的女子，因为饮酒而想到豪爽的侠士，看到月亮而思念好友，看到高山流水而想起平生最满意的诗词文章。

【原评译文】

弟木山说：我每见到别人有一特长或一种技艺，便想要学习；即使极为琐碎也不厌烦，大概是爱好广博而用情不专一。

张竹坡说：这些多情的言语令人感动流泪。

尤谨庸说：因为有了满意的诗词文章而想念心斋。

李季子说：心斋是个善于想象的人。

陆云士说：汤显祖说“内心思想而成为形象，因此好像眼前看到一样”，同这些话相互阐发印证。

第四一则

【原文】

闻鹅声如在白门①，闻橹声如在三吴②，闻滩声如在浙江③，闻骡马项下铃铎声④，如在长安道上⑤。

【原评】

聂晋人曰⑥：南无观世音菩萨摩诃萨⑦！

倪永清曰：众音寂灭时⑧，又作么生话会⑨。

【注释】

①白门：南京的别名，南朝宋时都城在建康，其正南门为宣阳门，俗称

白门，故以此代称南京。因为南京鹅比较多，所以说听到鹅声如在南京。

②橹声：摇桨声。三吴：古地名，有四解：一曰吴郡、吴兴、会稽；一曰吴郡、吴兴、丹阳；一曰苏州、常州、湖州；一曰苏州、润州、湖州。

③滩：水中石头多、水势急的险恶之处。南朝梁元帝《巫山高》诗："滩声下溅石，猿鸣上逐风。"浙江：即浙江，又名桐江，是钱塘江的古称，意为曲折的江水。

④铃铎（duó）：铃铛，此处指挂在牲畜脖子上的铃铛。

⑤长安：今陕西西安。长安为古都，骡马是这里的主要交通工具，驿路上车马很多。

⑥聂晋人：聂先，字晋人，号乐读居士，庐陵人，精佛学，为居士，曾编撰《续指月录》，又选有《百家名词》《唐人咏物诗》。

⑦南无观世音菩萨：观世音菩萨的名号，古人认为称念观音名号可以脱离苦厄与三毒。摩诃萨："摩诃萨埵"或"摩诃萨陀"的简称，佛教名词，意译为大士、圣士、超士、高士等，指进入圣位的大菩萨，一般指七地以上的菩萨。

⑧寂灭：佛教用语，"涅槃"的意译，本指超脱生死的理想境界。《无量寿经》卷上："超出世间，深乐寂灭。"这里是消灭、消逝之意。

⑨么生：什么。

【译文】

听到鹅声就好像身在南京城中，听到桨橹声就好像在三吴之境，听到湍急的滩头浪声就好像在浙江，听到骡马脖子下的铃铛响，就好像行走在长安的大道上。

【原评译文】

聂晋人说：归敬观世音菩萨发大善心的人。

倪永清说：当众多的声音都沉寂消逝的时候，又用什么样的话作答。

第四二则

【原文】

一岁诸节，以上元为第一，中秋次之，五日、九日又次之①。

【原评】

张竹坡曰：一岁当以我畅意日为佳节。

顾天石曰：跻上元于中秋之上，未免尚耽绮习②。

【注释】

①五日：指阴历五月初五的端午节。九日：指阴历九月初九的重阳节。

②耽：沉溺，沉迷于。绮习：浮艳的风习。

【译文】

一年之中的各种节日，我认为元宵节最好，中秋节略次，端午节和重阳节又更次些。

【原评译文】

张竹坡说：一年之中应当把

我心情舒畅、意气通达的日子作为最好的节日。

顾天石说：把元宵节放在中秋节的上面，未免有沉迷于浮艳的风习。

第四三则

【原文】

雨之为物，能令昼短，能令夜长。

【原评】

张竹坡曰：雨之为物，能令天闭眼，能令地生毛，能为水国广封疆[1]。

【注释】

①广：扩大，扩充。封疆：分封土地的疆界，疆土。

【译文】

雨这个东西，能使白天变短，也能让黑夜变长。

【原评译文】

张竹坡说：雨这个东西，能令天闭上眼睛，能让地上长出草木，能够把大地变成水泽，使疆域扩大。

第四四则

【原文】

古之不传于今者，啸也、剑术也、弹棋也、打毬也[1]。

【原评】

黄九烟曰：古之绝胜于今者，官妓、女道士也②。

张竹坡曰：今之绝胜于古者，能吏也、猾棍也、无耻也。

庞天池曰：今之必不能传于后者，八股也③。

【注释】

①啸：嘬口让气流通过舌端发出清越而悠长的声音，是古人的一种修炼方法。弹（tán）棋：也称为象棋，一种古老的弹局游戏，据说起于汉成帝时。方法是两人对局，用毛巾之类弹拨棋子。打毬（qiú）：蹴鞠或是马毬。蹴鞠是古代的一种踢球游戏。南朝梁宗懔《荆楚岁时记》中就有记载。马毬是古代一种在马上打球的运动，始于唐代，到明代还在流行。

②官妓：古代入乐籍供奉官员的妓女。官妓制度盛行于唐宋时，清康熙时废止此制。女道士：唐时称女冠，由官方给田，其身份有时类似于官妓。

③八股：明清科举考试的一种文体，也称制艺、制义、时艺、时文、八比文。八股文以四书的内容作题目，文章发端为破题、承题，后为起讲。由于其体式限制，影响自由发挥，被视为封建统治者扼杀人才、统治思想的工具。

【译文】

古代没流传到现在的东西：长啸、剑术、弹棋、打毬。

【原评译文】

黄九烟说：古代远胜于如今的东西，是官妓、女道士。

张竹坡说：现代远胜于古代的东西，是能干的官吏、狡猾的恶棍、无耻之徒。

庞天池说：现今必定不能传之于后世的东西，是八股文。

第四五则

【原文】

诗僧时复有之，若道士之能诗者，不啻空谷足音[①]，何也？

【原评】

毕右万曰：僧道能诗，亦非难事。但惜僧道不知禅玄耳。

顾天石曰：道于三教中[②]，原属第三，应是根器最钝人做[③]，那得会诗？轩辕弥明[④]，昌黎寓言耳[⑤]。

尤谨庸曰：僧家势利第一，能诗次之。

倪永清曰：我所恨者，辟谷之法不传[⑥]。

【注释】

①不啻（chì）：无异于，简直就是。空谷足音：空旷的山谷里听到人的脚步声，比喻稀少难得，极为可贵。

②三教：佛教传入我国后，称儒、道、释为“三教”。《北史·周本纪下》：“十二月癸巳，集群官及沙门道士等，帝升高座，辨释三教先后。以儒教为先，道教次之，佛教为后。”

③根器：佛教用语，指人的禀赋、气质。钝：笨拙。

④轩辕弥明：唐代衡山道士，据传住在衡湘间九十余年。滑稽多智，善诗。韩愈《石鼎联句诗序》说轩辕弥明诗高古出群，后人疑为寓言。事迹见《韩昌黎诗系年集释》卷八、《太平广记》卷五五引《仙传拾遗》。

⑤昌黎：即唐代文学家韩愈（768—824 年），字退之，河阳（今河南孟县）人，祖籍昌黎，世称韩昌黎。著有《昌黎先生集》。

⑥辟谷：古代道士用来修炼的一种方法，通常在辟谷期间不吃五谷，不吃用火烹制的食物，但仍食药物，并须兼做导引等功夫。

【译文】

以能作诗而出名的僧人时常有，但是身为道士又能写诗的人，就如同空山里的脚步声一样极其难得，这是为什么呢？

【原评译文】

毕右万说：僧人和道士能够写诗也并不是什么困难的事，只可惜僧人和道士并不懂得宗教的本职。

顾天石说：道教在三教之中原本就属于第三等，应该是禀赋最迟钝的人从事的，哪里会做诗？像轩辕弥明这种会联句作诗的道士，不过是昌黎先生寓言故事中虚构的人物罢了。

尤谨庸说：僧人最重势利，能写诗在其次。

倪永清说：我所遗憾的是道家辟谷这一修仙之术没有流传下来。

第四六则

【原文】

当为花中之萱草[①]，毋为鸟中之杜鹃[②]。

【注释】

①萱草：俗称金针菜、黄花菜，多年生宿根草本，花漏斗状，橘黄色或橘红色，无香气，可作蔬菜，或供观赏，根可入药。古人认为种植此草，可以使人忘忧，因称忘忧草。三国时嵇康的《养生论》中说："合欢蠲忿，萱草忘忧，愚智所共知也。"

②毋：勿，不要。杜鹃：又名杜宇、子规等。相传为古蜀王杜宇之魂所化。春末夏初，常昼夜啼鸣，其声哀切。白居易《琵琶行》："其间旦暮闻何物？杜鹃啼血猿哀鸣。"

【译文】

要做花中令人见之忘忧的萱草，不要做鸟中悲鸣啼泣的杜鹃。

第四七则

【原文】

物之稚者皆不可厌[①]，惟驴独否。

【原评】

黄略似曰[②]：物之老者皆可厌，惟松与梅则否。

倪永清曰：惟癖于驴者，则不厌之。

【注释】

①稚：幼小。

②黄略似：即黄周星。

【译文】

物类在幼小的时候都不会让人感到讨厌，只有驴不是。

【原评译文】

黄略似说：物类到老了以后都会让人讨厌，只有松树和梅树不是这样。

倪永清说：只有对驴有癖好的人不讨厌它。

第四八则

【原文】

女子自十四五岁至二十四五岁，此十年中，无论燕秦吴越[①]，其音大都娇媚动人。一睹其貌，则美恶判然矣[②]。“耳闻不如目见”，于此益信。

【原评】

吴听翁曰[③]：我向以耳根之有余，补目力之不足。今读此，乃知卿言亦复佳也。

江含徵曰：帘为妓衣[④]，亦殊有见。

张竹坡曰：家有少年丑婢者，当令隔屏私语，灭烛侍寝，何如？

倪永清曰：若逢美貌而声恶者，又当如何？

【注释】

①燕秦吴越：燕地即今河北一带，秦即今陕西一带，吴越即今江浙一带，这几个地方各在不同方位，泛指东西南北各地。

②判然：区分得清清楚楚。

③吴听翁：即吴绮。

④帘为妓衣：出自《梁书·夏侯亶传》："（亶）晚年颇好音乐，有妓妾十数人，并无被服姿容。每有客，常隔帘奏之，时谓帘为夏侯妓衣也。"后来即以"妓衣"为帘的异称。

【译文】

女子从十四五岁到二十四五岁这十年内，不论在燕地、秦地、吴地、越地哪个地方，她们的声音大多数都娇媚动听，然而一看她们的样子，那么美丑一下子就区别开了。听说不如眼见，由于上边这一原因，我更加相信这句话。

【原评译文】

吴听翁说：我一向用听到的去弥补不能亲眼看到的不足之处。如今读到这一则才知道您说的话是对的。

江含徵说：帘子是乐妓的衣裳，这话也非常有见地。

张竹坡说：家里有年轻貌丑的婢女，应当让她隔着屏风低声说话、熄灭蜡烛之后侍寝，怎么样？

倪永清说：假如遇到相貌美丽而声音难听的人，又该怎么办呢？

第四九则

【原文】

寻乐境，乃学仙[1]；避苦趣[2]，乃学佛。佛家所谓"极乐世界"[3]者，盖谓众苦之所不到也。

【原评】

江含徵曰：着败絮行荆棘中[4]，固是苦事；彼披忍辱铠者[5]，亦未得优游自到也[6]。

陆云士曰：空诸所有，受即是空，其为苦乐，不足言矣。故学佛优于学仙。

【注释】

①学仙：学习修道成仙，这是道家的方式。

②苦趣（qū）：佛教中所说的地狱、饿鬼、畜生这三种恶道，是六道轮回中受苦的地方。也泛指苦处。趣，同“趋”。

③极乐世界：佛教中指有乐无苦的世界，音译为“须摩提”，又称“西方极乐世界”、“安乐世界”、“西方净土”、“阿弥陀佛净土”，是佛教中阿弥陀佛成佛时，依因地修行所发四十八大愿所感之庄严、清净佛国净土。《阿弥陀经》载：“从是西方，过十万亿佛土，有世界名曰极乐。……其国众生，无有众苦，但受诸乐，故名极乐。”所以下文说“众苦之所不到也”。

④着败絮行荆棘中：穿着破旧的棉衣行走在荆棘之中，指辛苦沉重、牵绊众多的世俗生活。出自明代文学家袁宏道《孤山》：“孤山处士，妻梅子鹤，是世间第一种便宜人。我辈只为有了妻子，便惹许多闲事，撇之不得，傍之可厌，如衣败絮行荆棘中，步步牵挂。”

⑤忍辱铠：佛教用语，袈裟的别名，佛教认为忍辱能防一切外难，故以铠甲为喻。《法华经·持品》：“恶鬼入其身，骂詈毁辱我。我等敬信佛，当着忍辱铠。”也简称“忍铠”。《大智度论》中有：“忍铠心坚固，精进弓力强。”

⑥优游自到：悠游自若，闲适自在。

【译文】

想要寻找快乐的境地就去学习道家神仙术；想要逃避苦难之地就去学佛法。佛教所说的极乐世界，是各种苦难都不能到达的地方。

【原评译文】

江含徵说：穿着破烂的衣服行走在荆棘丛中，固然是痛苦的事；那些披着忍受欺辱的铠甲在此行走的人，也没有得到从容自在的境界。

陆云士说：将一切视为虚空，所承受的就是虚空，所谓苦与乐，更不足说。所以学佛比学仙好。

第五〇则

【原文】

富贵而劳悴，不若安闲之贫贱；贫贱而骄傲[①]，不若谦恭之富贵。

【原评】

曹实庵曰[②]：富贵而又安闲，自能谦恭也。

许师六曰[③]：富贵而又谦恭，乃能安闲耳。

张竹坡曰：谦恭安闲，乃能长富贵也。

张迂庵曰：安闲乃能骄傲，劳悴则必谦恭。

【注释】

①贫贱而骄傲：《史记·魏世家》中有"贫贱者骄人"之语，指对权势富贵轻蔑藐视。

②曹实庵：曹贞吉（1634—1698 年），字升六，号实庵，安丘县城东关（今属山东）人，清代著名词人。康熙三年（1644）进士，历任户部员外郎、礼部郎中、湖广提学佥事等，晚年以疾辞湖广学政，归里卒。著有《珂雪集》及《珂雪二集》各一卷，《朝天集》《鸿爪集》《黄山纪游诗》各一卷，《珂

雪词》两卷。

③许师六：许承家，字师六，号来庵、猎微阁，江苏扬州人。康熙二十四年（1685）进士，官翰林院编修。与兄承宣齐名，著有《猎微阁诗集》。

【译文】

虽然富贵却忧劳憔悴，倒不如贫贱而自在悠闲；虽然贫贱却骄傲自大，倒不如富贵而谦逊恭敬。

【原评译文】

曹实庵说：富有尊贵而又自在悠闲，自然能够谦虚恭敬。

许师六说：富贵而又谦虚恭敬，才能安然悠闲啊。

张竹坡说：谦虚恭敬而悠闲自在，才能长久富贵。

张迂庵说：自在悠闲才会骄傲自大，忧劳憔悴则必然谦虚恭谨。

第五一则

【原文】

目不能自见，鼻不能自嗅，舌不能自舐[①]，手不能自握，惟耳能自闻其声。

【原评】

弟木山曰：岂不闻“心不在焉”、“听而不闻”乎[②]？兄其诳我哉。

张竹坡曰：心能自信。

释师昂曰[③]：古德云[④]：眉与目不相识，只为太近。

【注释】

①舐（shì）：舔。

②心不在焉、听而不闻：《大学》中有“心不在焉，视而不见，听而不闻，食而不知其味”。后来以“听而不闻”谓听了与没听见一样，形容不重视或漠不关心。看上去在听，实际上没听见。形容心不在焉，神不专注。

③释师昂：不详。

④古德：佛教徒对年高有道的高僧的尊称。《景德传灯录·诸方广语》：“先贤古德，硕学高人，博达古今，洞明教网。”

【译文】

眼睛不能自己看到自己，鼻子不能自己嗅到自己，舌头不能自己舔到自己，手不能自己握住自己，只有耳朵能够听到自己发出的声音。

【原评译文】

弟木山说：难道没听说“心不在焉”、“听而不闻”的话吗？老兄你这是在诳骗我吧。

张竹坡说：心能够自己相信自己。

释师昂说：有高僧说：眉毛和眼睛相互不认识，只是因为离得太近了。

第五二则

【原文】

凡声皆宜远听，惟听琴则远近皆宜。

【原评】

王名友曰：松涛声、瀑布声、箫笛声、潮声、读书声、钟声、梵声①，皆宜远听。惟琴声、度曲声、雪声②，非至近，不能得其离合抑扬之妙③。

庞天池曰：凡色皆宜近看，惟山色远近皆宜。

【注释】

①梵声：指念佛诵经的声音。南朝梁武帝《和太子忏悔》诗："缭绕闻天乐，周流扬梵声。"

②度曲：指按曲谱唱曲。汉代张衡《西京赋》："度曲未终，云起雪飞。"

③抑扬：指音调有节奏地变化。

【译文】

所有的声音都适宜在远处听，只有听弹琴的声音无论远处和近处都很适宜。

【原评译文】

王名友说：松涛的声音、瀑布的声音、箫笛的声音、潮水的声音、读书的声音、钟声、念经的声音，都适合在远处听。只有琴声、唱曲声、落雪声，非得在近处才能领会它那高低节奏变化的美妙之处。

庞天池说：各种颜色都适合在近处观看，只有山色或远或近观看都合适。

第五三则

【原文】

目不能识字，其闷尤过于盲；手不能执管[1]，其苦更甚于哑。

【原评】

陈鹤山曰：君独未知今之不识字、不握管者，其乐尤过于不盲不哑者也。

【注释】

①执管：握笔写字。管：笔管，代指毛笔。

【译文】

如果眼睛不认识文字，这就比瞎了还令人苦闷；如果手不能握笔写字，那么就比哑巴更苦恼。

【原评译文】

陈鹤山说：您难道不知道如今不识字、不会写字的人，他们比那些不瞎不哑的人更快乐。

第五四则

【原文】

并头联句[1]，交颈论文[2]，宫中应制[3]，历使属国[4]，皆极人间乐事。

【原评】

狄立人曰[⑤]：既已并头交颈，即欲联句论文，恐亦有所不暇。

汪舟次曰[⑥]：历使属国，殊不易易。

孙松坪曰：邯郸旧梦[⑦]，对此惘然。

张竹坡曰：并头交颈，乐事也；联句论文，亦乐事也。是以两乐并为一乐者，则当以两夜并一夜方妙。然其乐一刻，胜于一日矣。

沈契掌曰[⑧]：恐天亦见妒。

【注释】

①并头：指头并排靠在一起。联句：古代的作诗方式之一，由两人或多人各成一句或几句，合而成篇，旧时多出现于宴席及朋友间酬应。

②交颈：脖子紧紧依偎。并头、交颈，都是比喻男女亲昵无间，这里指夫妇情投意合、情趣高雅，以谈论诗文为乐。

③应制：特指应帝王之命、按一定的题目或要求写作诗文，称为应制诗，内容多为歌功颂德。

④历使属国：奉命出使各国。历使，奉命出使。属国，古时附属于宗主国的国家，这里指边远的地方。

⑤狄立人：狄亿，字立人，号向涛，号洮湖渔子，江苏溧阳人，康熙三十年（1691）进士，官翰林院庶吉士，著有《洮湖渔子集》《菊社约》等。

⑥汪舟次：汪楫（1636—1699年，一说1626—1689年），字舟次，又字耻人，号悔斋，仪征（今属江苏）籍休宁（今属安徽）人，寄籍江苏江都。康熙十八年（1679）举博学鸿词科，列一等，授翰林院检讨，纂修《明史》。康熙二十一年（1682）充册封琉球正使，退回馈赠，琉球国人建却金亭以纪念。历官河南府知府、福建按察使、福建布政使，以疾告归。著有《崇祯长编》《悔庵集》《使琉球杂录》《册封疏钞》《观海集》等。

⑦邯郸旧梦：指黄粱梦，出自唐传奇，本指虚幻之事，唐代沈既济有《枕中记》，载卢生在邯郸客店中遇道士吕翁，用其所授瓷枕，睡梦中历数十年富贵荣华。及醒，店主炊黄粱未熟。此处指过去经历的事，孙松坪曾于康熙十七年（1678）充副使出使朝鲜，所以有此议论。

⑧沈契掌：沈思伦，字契掌，号闲吾子，安徽池州人。

【译文】

大家一起联句作诗，脖子挨着脖子共论文章，在宫中奉旨作诗，多次出使属国，这些都是人世间最快乐的事。

【原评译文】

狄立人说：既然已经头并头脖子挨着脖子，即便想要联句作诗讨论文章，只怕也顾不上啊。

汪舟次说：多次出使属国太不容易了。

孙松坪说：像黄粱梦一样的经历，对这些事情都不感兴趣。

张竹坡说：头并头脖子挨着脖子是快乐的事；联句作诗讨论文章是快乐的事，将两种乐事合为一件乐事，则应当将两夜并为一夜才妙。然而其一刻的乐趣，已经胜于一天了。

沈契掌说：恐怕上天看到这样的快乐也要妒忌了。

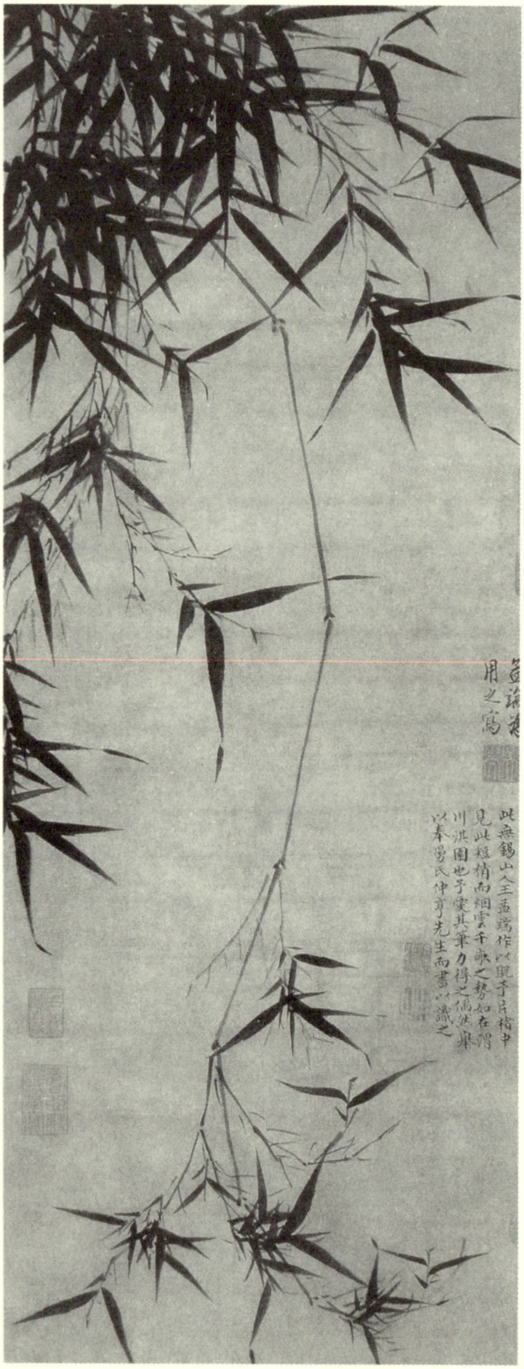

第五五则

【原文】

《水浒传》武松诘蒋门神云[①]："为何不姓李?"此语殊妙，盖姓实有佳有劣。如华、如柳、如云、如苏、如乔，皆极风韵；若夫毛也、赖也、焦也、牛也，则皆尘于目而棘于耳者也[②]。

【原评】

先渭求曰[③]：然则君为何不姓李耶?

张竹坡曰：止闻今张昔李，不闻今李昔张也。

【注释】

①武松诘(jié)蒋门神：出自《水浒传》第二十九回的"施恩重霸孟州道，武松醉打蒋门神"，武松为替施恩夺回快活林，去店中挑衅，借问姓而无理取闹，对方回答"姓蒋"，武松就故意问"却如何不姓李"。

②尘于目：沙子进入了眼睛中。棘于耳：荆棘刺入了耳朵里。两者都是很难受的事情。

③先渭求：先著，字渭求，又字染庵，号蠲斋，又号迂夫、盍旦子，四川泸州人，清代书画家。学极博洽，善画山水、花卉、人物，极有法度。著有《劝影堂词》《息柯杂著》《益州书画录续编》等，又与程洪合纂《词洁辑评》。

【译文】

《水浒传》中武松质问蒋门神说："你为什么不姓李?"这话问得非常妙。因为人的姓氏的确有好有坏。比如华、柳、云、苏、乔等姓，都特别有风韵；如像姓毛、赖、焦、牛等姓，看起来就像沙子进入眼睛、听起来就像荆棘扎入耳中一样令人不舒服。

【原评译文】

先渭求说：那您为什么不姓李呢？

张竹坡说：只听说过现在姓张好，过去姓李好，没有听说过现在姓李好，过去姓张好。

第五六则

【原文】

花之宜于目而复宜于鼻者①，梅也、菊也、兰也、水仙也、珠兰也、莲也②。止宜于鼻者，橼也、桂也、瑞香也、栀子也、茉莉也、木香也、玫瑰也、腊梅也③。余则皆宜于目者也。花与叶俱可观者，秋海棠为最，荷次之，海棠、酴醿、虞美人、水仙又次之④。叶胜于花者，止雁来红、美人蕉而已⑤。花与叶俱不足观者，紫薇也、辛夷也⑥。

【原评】

周星远曰：山老可当花阵一面⑦。

张竹坡曰：以一叶而能胜诸花者，此君也⑧。

【注释】

①宜于目而复宜于鼻：指既有适宜观赏的外形又有适合闻嗅的香气。

②珠兰：又名珍珠兰、金粟兰，因其蓓蕾如珠，所以被称为珠兰，其香气浓郁。清代钱谦益的《代怀长姑夫人》诗："绕径珠兰冲雪放，编篱茉莉逆风香。"

③橼（yuán）：香橼，又称枸橼、香圆，是芸香科柑橘属的植物，花、叶、果俱香，其果实俗称佛手柑。瑞香：植物名，也称睡香，常绿灌木，叶

为长椭圆形。春季开花，花集生顶端，有红紫色或白色等，有浓香。木香：又名蜜香、云木香、南木香、广木香等，菊科，多年生观赏植物。春末夏初开白色或黄色花，香气馥郁。

④酴醾（tú mí）：也称荼蘼、佛见笑等，落叶灌木，以地下茎繁殖。荼蘼花在春季末夏季初开花，凋谢后即表示花季结束，所以有完结的意思。宋代王琪的《春暮游小园》诗有“开到荼蘼花事了”之句。虞美人：别称丽春花、锦被花等，有红、紫、白等花色，花形美观。

⑤雁来红：又名后庭花，一年生草本，近顶上的叶有红、黄、紫等色。秋季开花，供观赏，亦可食用或供药用。明代李时珍《本草纲目·草四·雁来红》：“茎叶穗子并与鸡冠同。其叶九月鲜红，望之如花，故名。吴人呼为‘老少年’。”

⑥紫薇：俗称百日红，落叶小乔木，树皮滑泽，夏、秋之间开花，淡红紫色或白色，其花瓣细碎。辛夷：一名木笔，香木名，花香浓郁，春季开花，即木兰，但古时有时也指玉兰。

⑦花阵：指花木的行列。唐代司空图《力疾山下吴村看杏花》诗云：“浮世荣枯总不知，且忧花阵被风欺。”

⑧此君：指竹子，用王羲之“何可一日无此君”之典。

【译文】

花木之中既好看又好闻的有：梅花、菊花、兰花、水仙花、珠兰、莲花。只好闻的有：香橼、桂花、瑞香花、栀子花、茉莉花、木香花、玫瑰花、腊梅花。其余的就都是适宜观赏的。花和叶都值得观赏的，秋海棠最佳，荷花略逊，海棠、酴醾、虞美人、水仙花又略次一些。叶子比花好看的，只有雁来红、美人蕉罢了。至于花和叶都不值得看的，是紫薇花和辛夷花。

【原评译文】

周星远说：如果摆花阵，张先生可以抵挡一面。

张竹坡说：能单靠叶子而胜过各种花的是竹子。

第五七则

【原文】

高语山林者[1]，辄不善谈市朝事[2]，审若此[3]，则当并废《史》、《汉》诸书而不读矣[4]。盖诸书所载者，皆古之市朝也。

【原评】

张竹坡曰：高语者，必是虚声处士[5]；真入山者，方能经纶市朝[6]。

【注释】

①高语山林：指高谈阔论山林隐居一类清高的事情。

②市朝：市，指进行买卖交易的地方，朝是朝廷官府，这些都是争名夺利的地方。

③审：果真，确实。

④《史》、《汉》：《史记》和《汉书》，此处用来泛指史书。

⑤虚声处士：徒有虚名却并非真正清高避世的隐士。

⑥经纶：整理思虑，引申为筹划国家大事。

【译文】

高谈阔论隐逸山林的人，总是不喜欢谈论市井、朝廷争名夺利的俗事。事情果真如此的话，那么便应该废弃《史记》、《汉书》等书不去读它。因为这类书所记载的，都是古代市井、朝廷的事情。

【原评译文】

张竹坡曰：高谈阔论的人，一定是徒有虚名却并非真正避世的隐士，真正能够隐居山中的隐士才能够在朝中谋划国家大事。

第五八则

【原文】

云之为物，或崔巍如山①，或潋滟如水②，或如人，或如兽，或如鸟毳③，或如鱼鳞。故天下万物皆可画，惟云不能画。世所画云，亦强名耳④。

【原评】

何蔚宗曰⑤：天下百官皆可做，惟教官不可做，做教官者⑥，皆谪戍耳。

张竹坡曰：云有反面正面，有阴阳向背，有层次内外，细观其与日相映，则知其明处乃一面，暗处又一面。尝谓古今无一画云手，不谓《幽梦影》中先得我心。

【注释】

①崔巍：高峻的样子。

②潋滟（liàn yàn）：水波荡漾的样子。

③鸟毳（cuì）：鸟兽的细毛。

④强名：勉强称为，虚名。语出《老子》："吾不知其名，字之曰道，强为之名曰大。"

⑤何蔚宗：不详。

⑥教官：古代掌管学务的官员。

【译文】

云作为一种物体，有时像高峻的山峰，有时像波光闪烁的水，有时像人，有时像野兽，有时像鸟的羽毛，有时像鱼鳞。所以世界上什么东西都可以画，只有云不能画。世间所画的云，都是勉强称为云罢了。

【原评译文】

何蔚宗说：天下百官都可以做，只有掌管学务的官不能做，做这种官的人都被贬谪防守边疆了。

张竹坡说：云有反面正面，有背阴向阳，有内层外层，仔细看它和太阳相映时的样子，就可以知道它的明处是一面，暗处又是一面。我曾经说古今没有一个画云的高手，不料《幽梦影》中对云的一番论述先写出了我的心思。

第五九则

【原文】

值太平世[①]，生湖山郡[②]；官长廉静[③]，家道优裕；娶妇贤淑，生子聪慧。人生如此，可云全福。

【原评】

许篠林曰[④]：若以粗笨愚蠢之人当之，则负却造物。

江含徵曰：此是黑面老子要思量做鬼处[⑤]。

吴岱观曰[⑥]：过屠门而大嚼，虽不得肉，亦且快意。

李荔园曰[7]：贤淑聪慧，尤贵永年，否则福不全。

【注释】

①值：遇上。

②湖山郡：有山有水、自然条件比较优越的郡县。

③官长：旧时行政单位的主管官吏。廉静：形容品德高尚，廉洁奉公、不大肆铺张。

④许篠（xiǎo）林：许楚（1605—1676年），字芳城，号旅亭、篠林，又号青岩先生，安徽歙县人。工诗文。晚年失明，著有《青岩集》。

⑤黑面老子：指修行时身体虚弱的佛祖释迦牟尼。

⑥吴岱观：吴山涛（1624—1710年），字岱观，号塞翁，清初书画家，安徽歙县人。崇祯举人，清初官甘肃同谷知县，有政声。以建少陵七歌堂被诬。罢官后，浮家泛宅，浪游苕霅，老于吴山。工诗、书、画，著有《塞翁集》。

⑦李荔园：不详。

【译文】

遇上太平社会，出生在山清水秀的地方；地方官员廉洁清净，家境优渥富裕；娶的妻子贤惠贞洁，生的孩子聪明智慧。人生如能这样，可以说是福气完备齐全，没有遗憾了。

【原评译文】

许篠林说：如果让粗劣愚笨的人担当这些，那么就辜负了上天的一番美意。

江含徵说：这是身体虚弱的释迦牟尼思量做鬼后的处境。

吴岱观说：路过屠夫的门口而大口咬嚼，虽然得不到肉，但也心情舒畅。

李荔园说：贤淑聪慧的人，尤其要长寿，不然就不算福气完备齐全。

第六〇则

【原文】

天下器玩之类，其制日工①，其价日贱，毋惑乎民之贫也②。

【原评】

张竹坡曰：由于民贫，故益工而益贱。若不贫，如何肯贱？

【注释】

①其制日工：其制作越来越精细。

②毋惑：难怪。

【译文】

世上可供欣赏把玩的物品制作得越来越精细，而它们的价格却一天比一天便宜，难怪老百姓会如此贫穷呢。

【原评译文】

张竹坡说：因为百姓越来越贫穷，所以器物制工越来越精细，而价格越来越便宜。百姓要是不穷，怎么肯价格很低就卖出去呢？

第六一则

【原文】

养花胆瓶[①]，其式之高低大小，须与花相称；而色之浅深浓淡，又须与花相反。

【原评】

程穆倩曰[②]：足补袁中郎《瓶史》所未逮[③]。

张竹坡曰：夫如此，有不甘去南枝而生香于几案之右者乎[④]？名花心足矣。

王宓草曰[⑤]：须知相反者，正欲其相称也。

【注释】

①胆瓶：花瓶的一种，因长颈大腹、形如悬胆而得名。

②程穆倩：程邃（1605—1691 年），字穆倩，又字朽民，号垢区、垢道人、青溪朽民等，又自署江东布衣、野合道者，明末清初安徽歙县人。曾久居南京，明亡后一直侨寓扬州。康熙年间举博学鸿词，不就试，以处士终。擅长金石考证，又具铜玉器鉴赏力，富于收藏，博学工诗文，于丹青造诣亦深，善用枯笔干皴法写山水，特有神韵。著有《会心吟》《萧然吟》等。

③袁中郎：袁宏道（1568—1610 年），字中郎，号石公，明代公安（今属湖北）人，与兄袁宗道、弟袁中道并有才名，人称“三袁”，三袁及其追随者文学史称“公安派”。《瓶史》：袁宏道所作，是记述插花艺术的专著，书中从鉴赏角度论述了花瓶、瓶花及其插法。未逮：不及，没有达到。

④去南枝：离开向阳生长的枝条。

⑤王宓草：王蓍（1649—1737 年），是王概的弟弟，王臬的兄长，原名王尸，字宓草，号湖村，秀水（今浙江嘉兴）人，居金陵（今江苏南京），

与王概均不入仕，布衣一生。其山水得黄公望笔意，善花卉、翎毛，兼工书法、篆刻，与兄王臬可并驱，人以元方、季方目之。

【译文】

插花的胆形花瓶，其款式的高低大小必须与所插之花的样子相匹配；而花瓶颜色的深浅浓淡，又必须与花的颜色相反。

【原评译文】

程穆倩说：这番话足以补充袁宏道《瓶史》中的不及之处。

张竹坡说：这样的话，就没有不甘心离开朝南的树枝而在书桌右角散发香气了。那些品种高贵的花卉也就心满意足了。

王宓草说：应当知道花瓶的颜色与花的颜色相反，正是为了使它们互相配衬。

第六二则

【原文】

春雨如恩诏①，夏雨如赦书②，秋雨如挽歌③。

【原评】

张谐石曰④：我辈居恒苦饥，但愿夏雨如馒头耳。

张竹坡曰：赦书太多，亦不甚妙。

【注释】

①恩诏：帝王降恩时所下的诏书，形容春雨珍贵而令人欣喜。

②赦书：免除罪行的文书，形容夏天的雨酣畅淋漓。

③挽歌：古代送葬时所唱的哀悼死者的丧歌，形容秋雨萧索缠绵。

④张谐石：张韵，字谐石，号浮丘，扬州人。为落拓贫士，工诗，亦工书画，著有

《城东草堂集》，石涛曾为其作《山水人物图》。

【译文】

春天的雨像皇帝加恩于百姓的圣旨，夏天的雨像天下大赦的诏书，秋天的雨如同送葬的挽歌。

【原评译文】

张谐石说：我们这些人常年受苦挨饿，只希望夏天的雨像馒头一样聊以充饥就行了。

张竹坡说：大赦天下的诏书太多了，也不是好事。

第六三则

【原文】

十岁为神童，二十三十为才子，四十五十为名臣，六十为神仙，可谓全人矣。

【原评】

江含徵曰：此却不可知，盖神童原有仙骨故也。只恐中间做名臣时，堕落名利场中耳。

杨圣藻曰[1]：人孰不想，难得有此全福。

张竹坡曰：神童才子，由于己，可能也；臣由于君，仙由于天，不可必也。

顾天石曰：六十神仙，似乎太早。

【注释】

①杨圣藻：杨衡选，字圣藻，安徽泾阳人，《虞初新志》中收录了他的《记盗》一文。

【译文】

人在十岁的时候是神童，二十岁到三十岁的时候是才子，四十岁到五十岁的时候成为政绩突出的大臣，六十岁的时候过上神仙一样悠闲的日子，可以算是一位完美的人了。

【原评译文】

江含徵说：这种说法是不可以预知的。因为神童原本就具有仙骨的缘故。只怕四十岁到五十岁做名臣的时候，堕落入世俗的追名逐利中罢了。

杨圣藻说：谁人不想有这种愿望，只是很难得到这种十全十美的福气。

张竹坡说：成为神童和有才华的人是由自己决定的，只要努力，就有可能实现。成为辅国大臣是由皇帝决定的，成为得道的神仙是由上天决定的，不可能一定会实现。

顾天石说：六十岁成为超脱尘世的神仙好像太早了吧。

第六四则

【原文】

武人不苟战[1]，是为武中之文；文人不迂腐[2]，是为文中之武。

【原评】

梅定九曰[3]：近日文人不迂腐者颇多，心斋亦其一也。

顾定天曰[4]：然则心斋直谓之武夫可乎？笑笑。

王司直曰：是真文人，必不迂腐。

【注释】

①不苟战：不随便开战，不轻易用兵。

②迂腐：指言谈、行为拘泥于旧准则，不适应时代潮流。

③梅定九：梅文鼎（1633—1721年），字定九，号勿庵，宣城（今安徽宣州）人。清初著名数学家，通天文、历算之学，被誉为“历算第一名家”。梅文鼎一生博览群书，著述八十余种。明末清初西方科学知识的传入，对梅文鼎产生了巨大影响。康熙四十一年（1702），大学士李光地向康熙帝推荐其著作《历学疑问》，康熙帝大为折服，次年南巡，特召至龙舟中聊天，并亲书“积学参微”四字，表彰他在天文、数学方面的深厚造诣。又赐梅文鼎的长孙梅瑴成进士出身，入值南书房。梅文鼎去世之后，后人将其历法、数学著述汇为《梅氏丛书辑要》《梅勿庵先生历算全书》等，诗文杂著则有《绩学堂文钞》《绩学堂诗钞》。

④顾定天：不详。

【译文】

从事军事活动的人不随便打仗作战，可算是武将中的文士；从事读书做文章的人不刻板拘泥，可算是文人中的武者。

【原评译文】

梅定九说：现在不刻板迂腐的文人有很多，张先生也是其中之一。

顾定天说：然而直接称张先生为武夫可以吗？只会令人发笑。

王司直说：真正的读书做文章的人一定不拘泥于陈旧的准则。

第六五则

【原文】

文人讲武事，大都纸上谈兵；武将论文章，半属道听途说。

【原评】

吴街南曰：今之武将讲武事，亦属纸上谈兵。今之文人论文章，大都道听途说。

【译文】

读书做文章的人谈论军事，大多数都像赵括一样纸上谈兵，脱离实际；带兵打仗的将领谈论文章，大部分都是道听途说，一知半解。

【原评译文】

吴街南说：现在带兵打仗的将领论用兵作战也属于纸上谈兵；现在读书做文章的人评论文章大部分都是道听途说，一知半解。

第六六则

【原文】

斗方止三种可存①。佳诗文一也，新题目二也，精款式三也。

【原评】

闵宾连曰②：近年斗方名士甚多③，不知能入吾心斋彀中否也④？

【注释】

①斗方：书画所用的一尺见方的纸。也指一尺见方的册页书画。清李渔《闲情偶寄·器玩·屏轴》："十年之前，凡作围屏及书画卷轴者，止有中条、斗方及横批三式。"

②闵宾连：闵麟嗣（1628—1701年），字宾连，号橄庵，安徽歙县人，寓居扬州，清代著名学者、旅行家。他喜游历吟咏，每至一地，均有纪游诗。著有《庐山集》《黄山松石谱》《黄山志》《植学草堂诗存》等。

③斗方名士：好在斗方上写诗或作画以标榜的"名士"，指冒充风雅的人。

④彀（gòu）中：弓箭射程所及的范围，比喻圈套、牢笼之中。

【译文】

一尺见方的册页书画只有三种可以保存。一是好的诗词文章，二是新颖的命题，三是精美的落款和式样。

【原评译文】

闵宾连说：近年来自命风雅的无聊文人有很多，不知道能不能进入张先生的欣赏范围？

第六七则

【原文】

情必近于痴而始真，才必兼乎趣而始化①。

【原评】

陆云士曰：真情种，真才子，能为此言。

顾天石曰：才兼乎趣，非心斋不足当之。

尤慧珠曰：余情而痴则有之，才而趣则未能也。

【注释】

①趣：趣味，情趣。化：化境，指造诣很高的精妙境界。

【译文】

情感一定要接近于痴迷的程度才是真的，才华必须加上情趣方能臻于化境。

【原评译文】

陆云士说：真正有情的人、真正有才华的人才能说出这种话来。

顾天石说：有才华同时又有趣味，除了张先生都不足以当得起。

尤慧珠说：我的情感接近于痴迷的程度是有的，但有才华兼有趣味则不能做到啊。

第六八则

【原文】

凡花色之娇媚者，多不甚香；瓣之千层者，多不结实①。甚矣，全才之难也！兼之者，其惟莲乎？

【原评】

殷日戒曰：花叶根实，无所不空，亦无不适于用，莲则全有其德者也。

贯玉曰②：莲花易谢，所谓有全才而无全福也。

王丹麓曰③：我欲荔枝有好花，牡丹有佳实，方妙。

尤谨庸曰：全才必为人所忌，莲花故名君子。

【注释】

①结实：结出果实。

②贯玉：不详。

③王丹麓：王晫（zhuó）（1636—?），初名棐，号丹麓、木庵、松溪子等，浙江钱塘人。顺治四年（1647）秀才。后弃举业，市隐读书，广交宾客。他热心于刻书出版，与张潮合编了《檀几丛书》及《昭代丛书》的甲、乙、丙集。著有《遂生集》《霞举堂集》《今世说》《墙东草堂词》等。

【译文】

凡是颜色娇艳妩媚的花，大多不太香；花瓣层层叠叠的，大多不结果实。要求样样都做到实在是太难了！花的颜色既好看，又香，果实又能食用的，恐怕只有莲花吧？

【原评译文】

殷日戒说：花、叶、根、果实无处不是空的，也没有什么部位不适合于用的，莲花全部具有这些高贵品德啊。

贯玉说：莲花容易凋谢，所谓有全面的才能而没有完全的福运。

王丹麓说：我想让荔枝有好看的花朵，牡丹有美味的果实，这样才美妙啊。

尤谨庸说：具有完备的才能一定会被人妒忌；莲花因此被称为品格高尚的君子。

第六九则

【原文】

著得一部新书，便是千秋大业；注得一部古书，允为万世宏功①。

【原评】

黄交三曰：世间难事，注书第一。大要于极寻常书，要看出作者苦心。

张竹坡曰：注书无难，天使人得安居无累，有可以注书之时与地为难耳。

【注释】

①允：确实。

【译文】

写出一部具有独特见解的著作，便是做了件千古流芳的大事业；注解完一部古代的书籍，诚然有福泽万世的大功劳。

【原评译文】

黄交三说：人世间的困难事，校注书籍为第一。重要的是在极为寻常的地方，要体察出作者的良苦用心。

张竹坡说：校注书籍没有什么困难的，上天让人生活安稳也不劳累，只是有合适用来校注书籍的时间与地方较为困难罢了。

第七〇则

【原文】

延名师训子弟[1]，入名山习举业[2]，丐名士代捉刀[3]，三者都无是处。

【原评】

陈康畴曰：大抵名而已矣，好歹原未必着意。

殷日戒曰：况今之所谓名乎？

【注释】

①延：延请，引进。训：教导。

②举业：举子业，为应科举考试而准备的学业。明清时专指八股文。

③丐：请求，乞求。捉刀：替别人写文章。据《世说新语》记载，曹操让相貌堂堂的崔珪冒充自己接见匈

奴来使，自己持刀站立床头，匈奴使者称赞“床头捉刀者，此乃英雄也”，后因称代人作文或顶替人做事为“捉刀”。

【译文】

延请有名望的老师教导年轻后辈，赴名山学习准备应科举考试的学业，乞求知名文人替自己写文章，这三项事都没有值得肯定的地方。

【原评译文】

陈康畴说：大致说来只是求名声罢了，名声的好与坏原本就没有必要刻意追求。

殷日戒说：何况是今天所谓的名声啊！

第七一则

【原文】

积画以成字[①]，积字以成句，积句以成篇，谓之文。文体日增，至八股而遂止。如古文，如诗，如赋，如词，如曲，如说部[②]，如传奇小说，皆自无而有。方其未有之时，固不料后来之有此一体也；逮既有此一体之后[③]，又若天造地设，为世必应有之物。然自明以来，未见有创一体裁新人耳目者。遥计百年之后[④]，必有其人，惜乎不及见耳。

【原评】

陈康畴曰：天下事从意起，山来今日既作此想，安知其来生不即为此辈翻新之士乎？惜乎今人不及知耳。

陈鹤山曰：此是先生应以创体身得度者[⑤]，即现创体身而为设法。

孙恺似曰：读《心斋别集》，拈四子书题，以五七言韵体行之，无不入妙，叹其独绝。此则直可当先生自序也。

张竹坡曰：见及于此，是必能创之者，吾拭目以待新裁。

【注释】

①画：笔画。成字：构成文字。

②说部：指古代小说、笔记、杂著一类的书籍。

③逮（dài）：等到。

④遥计：遥想，估计。

⑤创体：谓在诗词体裁或格律方面进行创新。

【译文】

积累笔画用来构成文字，积累文字用来构成语句，积累语句汇聚而成篇章，称之为文章。文章的体裁不断丰富增加，发展到八股文时便停止了。像散体文、诗、赋、词、曲、笔记杂著、传奇小说，都是从没有到有。当一种文体还没有形成的时候，当然不会料想到后来会有这种文体；等到已经有了这种文体之后，又好像天造地设一样，成为人世间一定应该具有的东西。然而自从明朝以来，没有见到有创造一种新文体，能让人耳目一新的。估计在遥远的百年之后，一定会有创造新体裁的人，遗憾的是我等不及看到了。

【原评译文】

陈康畴说：天下的事情都是从愿望开始，张先生今天既然有这种想法，怎么知道来生不会是这创新的人呢？可惜今天的人等不及知道罢了。

陈鹤山说：这是张先生应该以创新体裁者而得以超度，就会以创新体裁者出现于世并为之设立规范。

孙恺似说：读张先生的诗文集，选取四子书题，用五言七言的韵体行文，无不精妙，令人感慨这是独一无二的绝作。上面的议论就可以直接当张先生的自序了。

张竹坡说：见识到达这种境界，可见是必然能够创新文体的人，我擦亮眼睛等待新体裁的出现。

第七二则

【原文】

云映日而成霞，泉挂岩而成瀑，所托者异，而名亦因之①。此友道之所以可贵也②。

【原评】

张竹坡曰：非日而云不映，非岩而泉不挂，此友道之所以当择也。

【注释】

①因：跟着，随之而变化。因为所依托的对象不同，名称也随之变化，云变成霞，泉变成瀑。

②友道：指与朋友交往的准则。东汉孔融《论盛孝章书》："公诚能驰一介之使，加咫尺之书，则孝章可致，友道可弘矣。"

【译文】

白云在太阳的照射下变为彩霞，泉水因悬挂在岩石上而变成瀑布，它们所依托的对象不同，因此名称也随之不一样。这就是交朋友的可贵之处。

【原评译文】

张竹坡说：没有太阳，云彩不会被映射；没有岩石，泉水不会悬挂。这就是交友之道应当有所选择的原因。

第七三则

【原文】

大家之文[①]，吾爱之慕之，吾愿学之；名家之文[②]，吾爱之慕之，吾不敢学之。学大家而不得，所谓刻鹄不成尚类鹜也[③]；学名家而不得，则是画虎不成反类狗矣[④]。

【原评】

黄旧樵曰[⑤]：我则异于是，最恶世之貌为大家者。

殷日戒曰：彼不曾闯其藩篱[⑥]，乌能窥其闽奥[⑦]？只说得隔壁话耳[⑧]。

张竹坡曰：今人读得一两句名家，便自称大家矣。

【注释】

①大家：这里指博采众长、集大成的大作家。宋代叶适《答刘子至书》中说："盖自风雅骚人之后，占得大家数者不过六七。"

②名家：指有专长、自成一家的著名作家。清代袁枚于《随园诗话》中曾言："诗有大家，有名家。大家不嫌庞杂，名家必选字酌句。"

③刻鹄（hú）不成尚类鹜（wù）：天鹅画得虽然不成功，也还像个野鸭子，模样相差不太远。比喻大家之文有规矩可循。

④画虎不成反类狗：老虎画得不好，反而像条狗，比喻模仿不到家，反而不伦不类。出自《后汉书·马援传》："效季良不得，陷为天下轻薄子，所谓画虎不成，反类狗者也。"

⑤黄旧樵：即黄云。

⑥藩篱：用竹木编成的篱笆或栅栏，比喻界域，境界。

⑦乌能：哪能。阃（kǔn）奥：比喻学问或事理的精微深奥所在。

⑧隔壁话：看似相近，其实外行的言论。

【译文】

著名作家的文章，我喜爱它倾慕它，我愿意学习它们；有专长而自成一家的作家的文章，我喜爱它倾慕它，我不敢学习它们。学习著名作家的文章虽然达不到它的水平，但雕刻不成天鹅还像鸭子；学习有专长而自成一家的作家的文章而达不到它的程度，便成了画老虎不成反而像条狗了。

【原评译文】

黄旧樵说：我就与这种看法不同，最讨厌世上那些貌似著名作家的人。

殷日戒说：你没有闯过著名作家的禁地，怎么能看到他们学问、事理的精奥处？只能说说似是而非的外行话罢了。

张竹坡说：现在的人读了一两句有专长作家的文章，就自称是著名作家了。

第七四则

【原文】

由戒得定，由定得慧[①]，勉强渐近自然[②]；炼精化气，炼气化神[③]，清虚有何渣滓[④]？

【原评】

袁中江曰：此二氏之学也[⑤]，吾儒何独不然？

陆云士曰：《楞严经》、《参同契》精义尽涵在内[⑥]。

尤悔庵曰：极平常语，然道在是矣。

【注释】

①由戒得定，由定得慧：由遵守戒律而达到入定的境界，由入定而破除迷惑获得真正的智慧。戒、定、慧被佛教称为“三学”，分别属于佛教三藏中的律、经、论，是佛教修行的三个基本环节。

②勉强：努力，尽力而为。

③炼精化气，炼气化神：道家以精、气、神为内三宝。按道家的说法，“精”为肾精，藏在下丹田，炼之可以化成精气；“气”为中气，在中丹田，炼之可以化神；“神”即元神，在上丹田，炼之可以达到清虚无染的境界。

④清虚：清净虚无。渣滓：糟粕，尘屑。

⑤二氏：指佛、道两家。唐代韩愈《重答张籍书》：“今夫二氏之所宗而事之者，下乃公卿辅相，吾岂敢昌言排之哉？”

⑥《楞严经》：佛教经典，全称《大佛顶如来密因修证了义诸菩萨万行首楞严经》，又名《中印度那烂陀大道场经》，简称《楞严经》《首楞严经》《大佛顶经》《大佛顶首楞严经》。讲述修禅定以“成无上道”之道理。《参同

契》:《周易参同契》的简称，是一本讲述道教修仙炼丹之法的著作，被称为“万古丹经王”。作者是东汉的魏伯阳。《周易参同契》的书名中“参”为“三”，指周易、黄老、炉火三事。全书分为上、中、下三篇，用周易爻象来论述炼丹成仙的方法。被道教的外丹派和内丹派都视为重要经典。

【译文】

由遵守戒律而达到入定的境界，由入定而破除迷惑获得真正的智慧，这才算是勉强接近了返璞归真的天然境界；提炼精华化为浩然之气，提炼浩然之气化为纯净的神，胸中达到清净虚无的境界，哪有一点尘俗渣滓？

【原评译文】

袁中江说：这是佛教和道教的学问，我们儒家何尝不是这样？

陆云士说：《楞严经》《参同契》的精华全被涵盖其中了。

尤悔庵说：这是极为平常的话，然而真理却在其中啊。

第七五则

【原文】

南北东西，一定之位也[①]；前后左右，无定之位也[②]。

【原评】

张竹坡曰：闻天地昼夜旋转，则此东西南北，亦无定之位也。或者天地外贮此天地者，当有一定耳。

【注释】

①一定之位：固定不变的方位。

②无定之位：不固定的，变来变去的方位。

【译文】

南北东西，是固定不变的方位；前后左右，不断变化，没有固定的方位。

【原评译文】

张竹坡说：听说天地白天夜晚不停旋转，那么南北东西也不是固定不变的方位啊。或者在天地之外还有一个大空间，这天地应当有固定的方位啊。

第七六则

【原文】

予尝谓二氏不可废，非袭夫大养济院之陈言也[①]。盖名山胜境，我辈每思褰裳就之[②]。使非琳宫梵刹[③]，则倦时无可驻足，饥时谁与授餐？忽有疾风暴雨，五大夫果真足恃乎[④]？又或邱壑深邃，非一日可了，岂能露宿以待明日乎？虎豹蛇虺，能保其不为人患乎[⑤]？又或为士大夫所有，果能不问主人，任我之登陟凭吊而莫之禁乎[⑥]？不特此也[⑦]，甲之所有，乙思起而夺之，是启争端也。祖父之所创建，子孙贫，力不能修葺，其倾颓之状，反足令山川减色矣。

然此特就名山胜境言之耳。即城市之内，与夫四达之衢[⑧]，亦不可少此一种。客游可作居停[⑨]，一也；长途可以稍憩，二也；夏之茗，冬之姜汤，复可以济役夫负戴之困[⑩]，三也。凡此皆就事理言之，非二氏福报之说也[⑪]。

【原评】

释中洲曰：此论一出，量无悭檀越矣[⑫]。

张竹坡曰：如此处置此辈甚妥[⑬]。但不得令其于人家丧事诵经，吉事拜忏[⑭]；装金为像，铸铜作身；房如宫殿，器御钟鼓，动说因果。虽饮酒食肉，娶妻生子，总无不可。

石天外曰：天地生气，大抵五十年一聚。生气一聚，必有刀兵、饥馑、瘟疫，以收其生气。此古今一治一乱必然之数也。自佛入中国，用剃度出家法绝其后嗣，天地盖欲以佛节古今之生气也。所以唐、宋、元、明以来，剃度者多，而刀兵劫数稍减于春秋、战国、秦汉诸时也。然则佛氏且未必无功于天地，宁特人类已哉⑮？

【注释】

①养济院：古代收养鳏寡孤独穷人的场所。唐代设普救病坊，南宋改为养济院。

②褰（qiān）裳：提起衣服。出自《诗经·郑风·褰裳》："子惠思我，褰裳涉溱。"这里指动身前往。

③琳宫梵刹：道观和佛寺。琳宫，本是神仙居住的地方，后也用来指称道教庙宇。梵刹，即佛寺。

④五大夫：指松树。

⑤不为人患乎：不危害人吗？

⑥登陟（zhì）凭吊：攀登到高处去凭吊怀古。

⑦不特：不仅。

⑧四达之衢（qú）：四通八达的大道。《尔雅·释宫》："一达谓之道路，

二达谓之歧旁，三达谓之剧旁，四达谓之衢。”

⑨居停：暂时歇脚或租寓的地方。

⑩济：帮助，解救。这里指消除。负戴：以背负物，以头顶物，也指劳作。此处指肩挑货运的劳作。

⑪福报之说：因果说。今世的善恶行为，必导致后世的罪福报应。

⑫悭（qiān）：吝啬。檀越：佛教指向寺院施舍财务、饮食的世俗信徒。晋代陶潜《搜神后记》卷二：“晋大司马桓温，字元子，末年忽有一比丘尼，失其名，来自远方，投温为檀越。”

⑬此辈：指出家的僧道等人。

⑭拜忏：旧时请僧道念经礼拜，为人忏悔罪过，消灾免祸。南朝梁武帝在郗皇后死后，集录佛经语句为《梁皇忏》十卷，命僧众拜诵祈祷。相传这是拜忏之始。

⑮宁特：岂止，常与语尾助词“已哉”配合使用。

【译文】

我曾经说佛教和道教不可以废除，并不是承袭大养济院扶贫济困的陈腐论调。因为有名气的山川和壮观的景致，我们这些人常常想游览它们。如果没有道观和寺庙，那么我们疲倦时就没地方歇脚，饿了的时候谁能供给吃的？忽然刮大风下暴雨，大松树果真足以依靠吗？又或者遇到山陵和溪谷幽深险远，不是一天可以游完，我们难道能露宿山间以等待第二天继续吗？那些老虎、豹子、毒蛇，能保证它们不祸害人吗？又或者名景被某位士大夫所占有，我们果真能够不经过主人的允许，任凭自己攀登到高处凭吊而不遭到禁止吗？不但如此，又如某个佳景是甲的，乙要想占有就动手夺取，这便要引起争端了。祖辈父辈所创建的佳处名园，子辈孙辈贫困，无力修整，那些建筑倾塌废弃的样子，反倒足以让山川减去光彩了。

然而这些就只是指在山川和优美的境地内的道观佛寺而言，即便是在城市之中和四通八达的大道旁，也不能没有僧道庙宇。一是出行的人可以在这些地方暂时居住；二是长途跋涉的人可以稍微得到休息；三是它们夏天供应茶水，冬天预备姜汤，又可以减轻肩挑货运者的疲惫。所有这些都是根据事理来说的，而不是佛教和道教的因果福报之类的说法。

【原评译文】

释中洲说：这番论述一出，估计就没有吝啬的施主了。

张竹坡说：像这样处置这些人非常妥当。但是不能让僧道在别人家里诵经办丧事、念经礼拜办吉事、以黄金装饰佛像、以铜铸造佛身；或是把房子建造得如同宫殿一样华丽；或用钟鼓之类的器具；动不动就说因果报应的事理。如此即使是喝酒吃肉，娶妻生子，都没有什么不可以的。

石天外说：天地间的生气，大约五十年聚合一次。生气一聚合，一定会有战事、饥馑、瘟疫等灾祸，以收回生灵。这也是古往今来一治一乱的必然规律。自从佛教传入中国，用剃度出家的办法断绝他们的子孙，天地是要用佛来节制古今以来的生气。正因为这样，唐、宋、元、明以来，剃度为僧的人越来越多，但是战乱灾祸稍少于春秋、战国、秦汉等时期。那么佛教对天地未必没有功劳，又岂止是对人类呢？

第七七则

【原文】

虽不善书，而笔砚不可不精；虽不业医①，而验方不可不存②；虽不工弈③，而楸枰不可不备④。

【原评】

江含徵曰：虽不善饮，而良酿不可不藏。此坡仙之所以为坡仙也⑤。

顾天石曰：虽不好色，而美女妖童不可不蓄。

毕右万曰：虽不习武，而弓矢不可不张。

【注释】

①业医：行医，当医生。

②验方：经过屡次使用证明确有疗效的医药方。

③工弈：擅长下棋。工，擅长。

④楸枰（qiū píng）：棋盘。古时多用楸木制作，故名。唐代温庭筠《观棋》诗有："闲对楸枰倾一壶，黄华坪上几成卢。"

⑤坡仙：宋代苏轼号东坡居士，仰慕者称之为"坡仙"。宋代张矩的《应天长》词就有这样的称呼："换桥渡舫，添柳护堤，坡仙旧迹今续。"

【译文】

虽然不擅长书法，但笔墨砚台不能不精良；虽然不当医生，但有效的药方不能不保存；虽然不擅长下棋，但棋盘不能不具备。

【原评译文】

江含徵说：虽然不善于饮酒，但是好酒不可以不储藏。这就是苏东坡之所以成为坡仙的原因。

顾天石说：虽然不好色，然而美丽的女子和清秀的男童不能不蓄养。

毕右万说：虽然不习武艺，但是弓箭不可以张不开。

第七八则

【原文】

方外不必戒酒①，但须戒俗；红裙不必通文②，但须得趣。

【原评】

朱其恭曰③：以不戒酒之方外，遇不通文之红裙，必有可观。

陈定九曰④：我不善饮，而方外不饮酒者誓不与之语；红裙若不识趣，亦不乐与近。

释浮村曰[⑤]：得居士此论，我辈可放心豪饮矣。

弟东囿曰[⑥]：方外并戒了化缘方妙[⑦]。

【注释】

①方外：世俗礼法之外，这里指僧人、道士等出家人。

②红裙：代指女性。唐代韩愈《醉赠张秘书》诗："不解文字饮，惟能醉红裙。"通文：指有学问，能读书。

③朱其恭：即朱慎。

④陈定九：陈鼎（1650—?），原名太夏，字鬲鼎，又字谨村、定九、子重，号留溪，又号暨阳铁肩道人。江苏江阴人。他工诗文，尤精于史，一生著作颇丰，传世著作有传奇小说：《留溪外传》《留溪附传》《留溪别传》《留溪托传》《邵飞飞传》等；地方历史文献：《武备略》《云贵人物志》《十五国人物志》《西陲志》《九边志》《海岛志》《洞天志》《黄山史概》等；记载动植物分类的有：《百花志》《百草志》《蛇谱》《虎谱》《百鸟谱》《竹谱》《荔谱》以及反映少数民族风情的《滇黔土司婚礼记》等，此外还有《留溪草堂诗稿》《留溪

杂著》等诗文著作及历史著作：《忠烈传》《二十一史疑》《明季殉难诸臣姓名录》《三吴人物志》《东林列传》等。

⑤释浮村：不详。

⑥东囿：疑为张潮弟张渐别号。

⑦化缘：和尚、尼姑或道士向人求取馈赠。因能布施的人可与佛、仙结善缘，故称化缘。

【译文】

僧人和道士不一定非要戒酒，但必须戒掉俗气；女子不一定非要知书识字，但必须识趣。

【原评译文】

朱其恭说：让不戒酒的僧人或道士遇到不识字的女子，一定有值得欣赏玩味的趣事。

陈定九说：我不善于饮酒，然而不喝酒的僧人和道士我立誓不与其交谈，女子如果不识趣，也不喜欢与之亲近。

释浮村说：得到居士这番言论，我们这些人可以安心畅饮了。

弟东囿说：僧人和道士一并戒掉向人求取布施才好。

第七九则

【原文】

梅边之石宜古，松下之石宜拙①，竹傍之石宜瘦，盆内之石宜巧②。

【原评】

周星远曰：论石至此，直可作九品中正③。

释中洲曰：位置相当，足见胸次④。

【注释】

①拙：质朴无华。

②巧：小巧，精妙。

③九品中正：魏晋南北朝的一种官吏选拔制度，各州、郡设立中正官，将各地士人按才能分别评为九等（九品），以备朝廷按等选用，谓之“九品官人法”。隋文帝废除此制，改行科举制。此处代指选拔标准。

④胸次：胸怀，胸襟。《庄子·田子方》：“行小变而不失其大常也，喜怒哀乐不入于胸次。”

【译文】

梅树边的石头应该古朴，松树下的石头应该朴拙，竹子边的石头要清瘦，盆景内的石头宜纤巧。

【原评译文】

周星远说：评论石头到这种地步，简直可以做按才能分九等的中正官。

释中洲说：张先生能够按不同事物搭配不同石头，安排布置恰当，足可以看出其不凡胸襟。

第八〇则

【原文】

律己宜带秋气[①]，处世宜带春气[②]。

【原评】

孙松楸曰[③]：君子所以有矜群而无争党也[④]。

胡静夫曰[⑤]：合夷惠为一人[⑥]，吾愿亲炙之[⑦]。

尤悔庵曰：皮里春秋[⑧]。

【注释】

①律己：对自身约束和要求。秋气：秋日的凄清、肃杀之气，此处指律己要严格冷峻。

②春气：春天温暖和煦，滋生万物，此处喻指待人要温和亲切。

③孙松楸：疑为“孙松坪”，即孙致弥。

④有矜群而无争党：指君子庄重自尊，普遍团结人，而不和他人争强斗胜，不结党营私。《论语·卫灵公》：“子曰：‘君子矜而不争，群而不党。’”矜，庄重自持。群，合群，团结别人。争，争执，有所争。党，结党营私。

⑤胡静夫：胡其毅，字致果，号静夫，江宁（今江苏南京）人，平生谦谨自持，为诗亦尚冲淡，著有《静拙斋诗稿》，曹寅任江宁织造时，与其友善。

⑥合夷惠为一人：将伯夷和柳下惠的品德合于一身，指有节且廉正的人。夷惠，伯夷和柳下惠的并称，代指廉正之士。

⑦亲炙：直接受到传授、教导。

⑧皮里春秋：表面不作评论，心里却有所褒贬。《晋书·褚裒传》：“谯国桓彝见而目之曰：‘季野有皮里阳秋。’言其外无臧否，而内有所褒贬也。”

【译文】

约束自己时应该带有秋天的严厉之气，对待别人时应该带有春天的温和之气。

【原评译文】

孙松楸说：这就是品格高尚的人庄重自尊，普遍团结人，不和他人争强斗胜，不结党营私的缘故。

胡静夫说：将伯夷的高尚守节和柳下惠的清高廉洁合在一起，成为一个人，我希望能得到他的教导。

尤悔庵说：这就是表面不作评论，心中有所褒贬。

第八一则

【原文】

厌催租之败意①，亟宜早早完粮②；喜老衲之谈禅，难免常常布施③。

【原评】

释中洲曰：居士辈之实情，吾僧家之私冀，直被一笔写出矣。

瞎尊者曰④：我不会谈禅，亦不敢妄求布施，惟闲写青山卖耳⑤。

【注释】

①败意：破坏兴致。

②亟（jí）：赶快，急速。完粮：交纳田赋。

③布施：将金钱、实物布散施舍给别人。

④瞎尊者：即石涛（1642—约1718年），清初画家，原姓朱，名若极，全州（今属广西）人，祖籍安徽凤阳，小字阿长，别号很多，如大涤子、清湘老人、苦瓜和尚、瞎尊者，法号有道济、元济、原济等。晚年定居扬州，卖画为生。擅画山水，对扬州画派及近现代中国画影响很大。兼工书法和诗，并擅园林叠石，扬州余氏石园即出其手。著有《苦瓜和尚画语录》《大涤子题画诗跋》等。

⑤闲写青山卖：出自明代唐寅的《言志》诗："不炼金丹不坐禅，不为商贾不耕田。闲来写就青山卖，不使人间造孽钱。"意思是作画卖钱。

【译文】

厌恶前来催促缴纳租税的人败坏兴致，就应该早早交纳租税；喜欢与老僧谈禅论道，就难免要经常施舍财物。

【原评译文】

释中洲说：这是居士们的真情实感，我们僧人的私心愿望，被一笔写出来了。

瞎尊者说：我不善于谈论禅机，也不敢妄求施舍钱财，只有闲暇时画些山水画来卖罢了。

第八二则

【原文】

松下听琴，月下听箫，涧边听瀑布，山中听梵呗①，觉耳中别有不同。

【原评】

张竹坡曰：其不同处，有难于向不知者道。

倪永清曰：识得"不同"二字，方许享此清听②。

【注释】

①梵呗（bài）：佛教做法事时的歌咏赞颂之声。

②清听：指清越入耳的声音。

【译文】

在松树下听弹琴的声音，在月光下听吹箫的声音，在溪涧边听瀑布的声音，在深山中听佛教徒赞叹歌咏的声音，感觉耳中别有一番感受。

【原评译文】

张竹坡说：这其中的不同之处，很难向不懂的人表述出来。

倪永清说：能够认识到不同两个字，才可以享受这些清雅的声音。

第八三则

【原文】

月下听禅，旨趣益远；月下说剑，肝胆益真①；月下论诗，风致益幽；月下对美人，情意益笃②。

【原评】

袁士旦曰③：溽暑中赴华筵④，冰雪中应考试，阴雨中对道学先生⑤，与此况味何如？

【注释】

①肝胆：比喻豪情壮志。

②笃：实在、深厚。

③袁士旦：即袁启旭。

④溽暑：指盛夏潮湿闷热的天气。华筵：丰盛的筵席。

⑤道学先生：指思想、作风特别迂腐的读书人。

【译文】

在月色下说禅论道，意旨更加深远超脱；在月色下磋商剑法剑术，豪情壮志越发慷慨磊落；在月色下讨论诗歌，情致更加清幽脱俗；在月色下与美人相对，爱悦之情越发缠绵深厚。

【原评译文】

袁士旦说：夏季潮湿闷热的天气里赴丰盛的筵席，冰天雪地里去应对考试，阴雨连绵之中与迂腐刻板的道学先生相对，跟这些境况和情味比起来如何？

第八四则

【原文】

有地上之山水，有画上之山水，有梦中之山水，有胸中之山水。地上者妙在邱壑深邃[①]，画上者妙在笔墨淋漓，梦中者妙在景象变幻，胸中者妙在位置自如[②]。

【原评】

周星远曰：心斋《幽梦影》中文字，其妙亦在景象变幻。

殷日戒曰：若诗文中之山水，其幽深变幻，更不可名状。

江含徵曰：但不可有面上之山水。

余香祖曰[③]：余境况不佳，水穷山尽矣。

【注释】

①邱壑（hè）深邃：山高谷深。壑：山沟或大水沟。

②位置：这里作动词用，安排、安置的意思。

③余香祖：不详。

【译文】

世间有存在于大地上的山水，有存在于画中的山水，有出现在梦中的山水，有存在于胸怀中的山水。地上的山水妙在涧谷幽深险远，画中的山水妙在笔墨挥洒酣畅，梦中的山水妙在景象变幻不定，胸中的山水妙在位置井然有序。

【原评译文】

周星远说：张先生《幽梦影》里的文字，其美妙也在于景象的变幻不定。

殷日戒说：假如是诗词文章中的山水，它幽静深邃、变幻不定的情境是不可以描摹的。

江含徵说：但不能有颜面上的山水。

余香祖说：我的境况不好，已经山穷水尽了。

第八五则

【原文】

一日之计种蕉①，一岁之计种竹，十年之计种柳，百年之计种松。

【原评】

周星远曰：千秋之计，其著书乎？

张竹坡曰：百世之计种德②。

【注释】

①蕉：即芭蕉。芭蕉是多年生草本植物，生长速度比较快，叶阔荫大，姿态秀美，所以说一日之计种蕉。

②种德：施恩德于人。《尚书·大禹谟》：“皋陶迈种德，德乃降，黎民怀之。”

【译文】

一日之内的计划是种植芭蕉，一年之内的计划是种植竹子，十年之内的计划是种植杨柳，一百年的计划是种植青松。

【原评译文】

周星远说：一千年的计划，应该是写书吧？

张竹坡说：一百世的计划应该是树立德行。

第八六则

【原文】

春雨宜读书，夏雨宜弈棋，秋雨宜检藏①，冬雨宜饮酒。

【原评】

周星远曰：四时惟秋雨最难听。然予谓无分今雨旧雨②，听之，要皆宜于饮也。

【注释】

①检藏：翻检旧藏这类琐细之事。

②今雨：新交的朋友。旧雨：老朋友。典出唐代诗人杜甫的《秋述》："秋，杜子卧病长安旅次，多雨生鱼，青苔及榻，常时车马之客，旧，雨来，今，雨不来。"是说宾客旧日遇雨也来，而今遇雨则不来了，初亲后疏。后用"今

雨”代指新交的朋友，“旧雨”则代指老朋友。

【译文】

春天下雨的时候适宜读书，夏天下雨的时候适宜下棋，秋天下雨的时候适宜翻检收藏，冬天下雨的时候适宜饮酒。

【原评译文】

周星远说：春夏秋冬四季中只有秋雨最难听，但是我认为不管是过去的朋友还是新的朋友，听秋雨，最适宜共饮酒。

第八七则

【原文】

诗文之体得秋气为佳，词曲之体得春气为佳。

【原评】

江含徵曰：调有惨淡悲伤者，亦须相称。

殷日戒曰：陶诗、欧文，亦似以春气胜①。

【注释】

①陶诗、欧文：指陶渊明的诗，欧阳修的散文。

【译文】

诗歌和文章的内容以带秋天的悲凉、肃杀的气氛为佳，词和曲的内容具有春天蓬勃向上的气息为妙。

【原评译文】

江含徵说：词调有惨淡悲伤的，也应当选择与它相配称的体裁。

殷日戒说：陶渊明的诗、欧阳修的文章，也似乎是以清新流畅的春天之气赢得盛名。

第八八则

【原文】

抄写之笔墨，不必过求其佳；若施之缣素①，则不可不求其佳。诵读之书籍，不必过求其备②；若以供稽考③，则不可不求其备。游历之山水④，不必过求其妙；若因之卜居⑤，则不可不求其妙。

【原评】

冒辟疆曰：外遇之女色，不必过求其美；若以作姬妾，则不可不求其美。

倪永清曰：观其区处条理所在⑥，经济可知⑦。

王司直曰：求其所当求，而不求其所不必求。

【注释】

①施之缣（jiān）素：书写或画在白绢上。缣，细绢。

②备：完备。

③稽考：研究查考。稽，考核。

④游历：游览。

⑤卜居：用占卜的方法选择定居的地方，后来泛指选择地方定居下来。

⑥区处：处理，筹划安排。

⑦经济：指关于生活、生计方面的主张。

【译文】

用来抄写的笔墨，不必过于追求好的质量；假如要在白绢上书写，那么不得不追求它质量上乘。平时阅读用的书籍，不必过于要求齐全；假如是用来供做稽查考证的，那么便不能不要求齐全；游览赏玩的山水，不必过分讲求美妙；假如就此做居住的打算，那么便不能不要求其美妙。

【原评译文】

冒辟疆说：在外面遇到的女子，不必过分要求她容貌美丽；若是娶做姬妾，则不能不要求她美貌。

倪永清说：观察张先生的筹划脉络所在，可以知晓他在经世济民方面的胸襟。

王司直说：要求其所应当要求的，而不要求所不必须要求的。

第八九则

【原文】

人非圣贤，安能无所不知？只知其一，惟恐不止其一，复求知其二者，上也；止知其一，因人言始知有其二者，次也；止知其一，人言有其二而莫之信者[①]，又其次也；止知其一，恶人言有其二者[②]，斯下之下矣。

【原评】

周星远曰：兼听则聪，心斋所以深于知也。

倪永清曰：圣贤大学问，不意于清语得之[③]。

【注释】

①莫之信：即“莫信之”，不相信别人的说法。

②恶（wù）：讨厌，厌恶。

③清语：指《幽梦影》一类清言小品著述。

【译文】

人不是圣人和贤人，怎么能什么都知道。只知道事物一方面的道理，生怕它并非只有这些道理，而再求知道另一方面道理的，这是上等的；只知道其中一方面的道理，因听人家说才知道还有另一方面道理的，这是次等的；只知道其中一方面的道理，有人告诉他另一方面的道理，他却不相信，这是又差一等的；只知道其中一方面的道理，却厌恶人家说还有另一方面道理的，这是下等中的下等了。

【原评译文】

周星远说：能够多方面听取意见，就能够明白事理，明辨是非，这也是张先生知识深厚的原因。

倪永清说：圣贤的大学问，没想到从清谈言论中得到了。

第九〇则

【原文】

史官所纪者，直世界也[①]；职方所载者[②]，横世界也[③]。

【原评】

袁中江曰：众宰官所治者[④]，斜世界也。

尤悔庵曰：普天下所行者，混沌世界也。

顾天石曰：吾尝思天上之天堂，何处筑基？地下之地狱，何处出气？世界固有不可思议者。

【注释】

①直世界：史官所记载的历史，是以时间为线索，纵向发展的，所以称为直世界。直，纵向的。

②职方：官名，掌天下地图与四方职贡。《周礼·夏官》中规定职方的职责是主管地图和四方贡物，后来历代多设此职，掌管舆图、军制、城隍、镇戍等。

③横世界：职方掌管舆图与四方职贡，他所记载的事情是以空间为线索、横向分布的，所以称为横世界。

④宰官：泛指官吏。

【译文】

史官所记载的历史是纵向的世界，掌管地图的官吏所记载的历史是横向的世界。

【原评译文】

袁中江说：众位官员所治理的是倾斜的世界。

尤悔庵说：全天下人所行的是混沌不清的世界。

顾天石说：我曾经思索天上的天堂在什么地方建造地基？地底下的地狱在何处排放空气？世界上本来就存在着不可想象的事情啊。

第九一则

【原文】

先天八卦①，竖看者也；后天八卦②，横看者也。

【原评】

吴街南曰：横看、竖看，皆看不着。

钱目天曰[3]：何如袖手旁观[4]？

【注释】

①先天八卦：又称伏羲八卦，传说是由伏羲根据河图所画。伏羲八卦次序基于《周易·系辞上》中“太极、两仪、四象、八卦”的宇宙万物生成过程：阴阳未分的太极生成阴阳两仪；阴和阳又各自生成新的阴阳，即四象；四象中每一象又再次生成新的阴阳，成为八卦。它的方位是乾南坤北，离东坎西。

②后天八卦：即文王八卦。文王将《周易》的八卦演为六十四卦，其次序源自《周易·说卦》中对卦象象征意味的解释。方位变成离南坎北，震东兑西，与“先天八卦”相比，转过一个直角。

③钱目天：不详。

④袖手旁观：表面意思是把手笼在袖子里，在一旁观看。比喻置身事外，既不过问，也不协助别人。唐代韩愈《祭柳子厚文》：“不善为斫，血指汗颜，巧匠旁观，缩手袖间。”

【译文】

先天八卦看的是时间纵向的发展，后天八卦看的是空间横向的联系。

【原评译文】

吴街南说：横向看、竖向看，都看不到。

钱目天说：把手笼在袖子里，在一旁观看怎么样？

第九二则

【原文】

藏书不难，能看为难；看书不难，能读为难[1]；读书不难，能用为难；能用不难，能记为难[②]。

【原评】

洪去芜曰[③]：心斋以能记次于能用之后，想亦苦记性不如耳。世固有能记而不能用者。

王端人曰[④]：能记、能用，方是真藏书人。

张竹坡曰：能记固难，能行尤难。

【注释】

①读：这里指精读、仔细研读。

②记：牢记下来。

③洪去芜：即洪嘉植。

④王端人：不详。

【译文】

收藏书籍不困难，能全部看完是困难的；看书并不困难，困难的是理解书中的内容；理解书中内容也不困难，困难的是会用书中的知识；会用书中的知识也不困难，困难的是看了便能牢记不忘。

【原评译文】

洪去芜说：张先生将能牢记放在会用之后，想必也

是苦于记性不如人吧。世界上确实有能够记住却不会用的人。

王端人说：能记住也能够使用，才是真正的藏书之人。

张竹坡说：能够记住确实很困难，能够做到更加困难。

第九三则

【原文】

求知己于朋友易，求知己于妻妾难，求知己于君臣则尤难之难[①]。

【原评】

王名友曰：求知己于妾易，求知己于妻难，求知己于有妾之妻尤难。

张竹坡曰：求知己于兄弟亦难。

江含徵曰：求知己于鬼神则反易耳。

【注释】

①尤难之难：更是难上加难。

【译文】

在朋友之中寻找知己容易，在妻妾中探求知己困难，在君臣相处中寻求知己则是难上加难。

【原评译文】

王名友说：在姬妾中寻求知己容易，在妻子中寻求知己困难，在已经娶妾的妻子那里寻求知己尤其困难。

张竹坡说：在兄弟中寻求知己也是困难的。

江含徵说：在鬼神中寻求知己反而比较容易。

第九四则

【原文】

何谓善人？无损于世者则谓之善人；何谓恶人？有害于世者则谓之恶人。

【原评】

江含徵曰：尚有有害于世，而反邀善人之誉，此实为好利而显为名高者，则又恶人之尤。

【译文】

什么叫善人？对社会没有损害的就叫做善人；什么叫恶人？对社会有危害的就叫做恶人。

【原评译文】

江含徵说：尚且有一些对社会有所损害，反倒得到善人名誉的人，这些人本质上贪图好处而外表反倒名声清高，那么比恶人还要坏。

第九五则

【原文】

有工夫读书，谓之福；有力量济人，谓之福；有学问著述，谓之福；无是非到耳，谓之福；有多闻、直、谅之友①，谓之福。

【原评】

殷日戒曰：我本薄福人，宜行求福事，在随时儆醒而已②。

杨圣藻曰：在我者可必，在人者不能必。

王丹麓曰：备此福者，惟我心斋。

李水樵曰③：五福骈臻固佳④，苟得其半者，亦不得谓之无福。

倪永清曰：直谅之友，富贵人久拒之矣，何心斋反求之也？

【注释】

①多闻、直、谅：指正直、诚实、见闻广博。这三者出自《论语·季氏》："益者三友，损者三友。友直，友谅，友多闻，益矣；友便辟，友善柔，友便佞，损矣。"孔子的意思是说，交这三种朋友是对自己有益的，直友正言极谏，谅友忠信不欺，多闻友见多识广。

②儆醒：警诫而使醒悟。

③李水樵：即李淦。

④骈臻：并至，一并到来。

【译文】

有时间读书是福气；有力量帮助别人是福气；有学问去著书立说是福气；没有是非闲话传到

耳中是福气；有学识广博、正直、守信的朋友是福气。

【原评译文】

殷日戒说：我本来就是一个没什么福气的人，要做求得福气的事，在于随时警诫提醒自己不犯过错罢了。

杨圣藻说：对于自己可以强迫去做，对于别人却不能这样。

王丹麓说：具备这五种福分的人，只有张先生。

李水樵说：五种福气全都得到固然很好，假若得到其中一半，也不能说是没有福气。

倪永清说：对于正直诚信的朋友，富有尊贵的人一直拒绝与他们交往，为什么张先生反而寻求与他们相交呢?

第九六则

【原文】

人莫乐于闲，非无所事事之谓也。闲则能读书，闲则能游名胜，闲则能交益友①，闲则能饮酒，闲则能著书。天下之乐，孰大于是?

【原评】

陈鹤山曰：然则正是极忙处。

黄交三曰：闲字前有止敬功夫②，方能到此。

尤悔庵曰：昔人云“忙里偷闲”，闲而可偷，盗亦有道矣。

李若金曰：闲固难得，有此五者，方不负闲字。

【注释】

①益友：“益者三友”的略称，即上一条所说的“多闻、直、谅”之友。

②止敬：尊重、尊敬。出自《大学》：“为人君止于仁，为人臣止于敬。”

【译文】

人没有比安闲更快乐的了，但安闲并不是所说的无所事事，不做正事。有了闲暇就可以读书，有了闲暇就可以游览名胜，有了闲暇就可以结交良友，有了闲暇就可以畅饮美酒，有了闲暇就可以撰写书籍。天下的快乐，有什么比这更大呢？

【原评译文】

陈鹤山说：然而这些闲暇所做的事情，正是最忙的时候。

黄交三说：这个闲字的前面有端正严谨的态度，才能到这种境界。

尤悔庵说：古人说“忙里偷闲”，闲暇若能够偷来，可算是盗贼也有其道义了。

李若金说：闲暇固然难以得到，然而有了这五种事情，就不辜负这个闲字了。

第九七则

【原文】

文章是案头之山水，山水是地上之文章。

【原评】

李圣许曰：文章必明秀，方可作案头山水；山水必曲折，乃可名地上文章。

【译文】

文章是书案上的山水，山水是大地上的文章。

【原评译文】

李圣许说：文章必须明净秀美，才可以做书案上的山水；山水必须曲折动人，才可以称为大地上的文章。

第九八则

【原文】

平上去入[①]，乃一定之至理。然入声之为字也少，不得谓凡字皆有四声也。世之调平仄者[②]，于入声之无其字者，往往以不相合之音隶于其下[③]。为所隶者，苟无平上去之三声[④]，则是以寡妇配鳏夫[⑤]，犹之可也。若所隶之字自有其平上去之三声，而欲强以从我，则是干有夫之妇矣[⑥]，其可乎？

姑就诗韵言之[⑦]。如东、冬韵[⑧]，无入声者也，今人尽调之以东、董、冻、督。夫“督”之为音，当附于都、睹、妒之下；若属之于东、董、冻，又何以处夫都、睹、妒乎？若东、都二字，俱以“督”字为入声，则是一妇而两夫矣。三江无入声者也[⑨]，今人尽调之以江、讲、绛、觉。殊不知“觉”之为音，当附于交、绞、教之下者也。诸如此类，不胜其举。

然则如之何而后可？曰：鳏者听其鳏，寡者听其寡；夫妇全者安其全，各不相干而已矣。（东、冬、欢、桓、寒、山、真、文、元、渊、先、天、庚、青、侵、盐、咸诸部[⑩]，皆无入声者也。屋、沃内如秃、独、鹄、束等字[⑪]，乃鱼、虞韵内都、图等字之入声；卜、木、六、仆等字，乃五歌部之入声。玉、菊、狱、育等字，乃尤部之入声。三觉、十药，当属于萧、肴、豪。质、锡、职、缉，当属于支、微、齐。质内之橘、卒，物内之郁、屈，当属于虞、鱼。物内之勿、物等音，无平上去者也。讫、乞等四支之入声也。陌部乃佳、灰之半、开、来等字之入声也。月部之月、厥、阙、谒等，及屑、叶二部，古无平上去，而今则为中州韵内车、遮诸字之入声也[⑫]。伐、发等字，及曷部之括、适，及八点全部，又十五合内诸字，又十七洽全部，皆六麻之入声也。曷内之撮、阔等字，合部之合、盒数字，皆无平上去者也。若

以缉、合、叶、洽为闭口韵⑬，则止当谓之无平上去之寡妇，而不当调之以侵、寝、缉、咸、喊、陷、洽也。）

【原评】

石天外曰：中州韵无入声，是有夫无妇，天下皆成旷夫世界矣！

【注释】

①平上去入：古汉语字音的声调有平声、上声、去声、入声四种，总称“四声”，由南朝周颙、沈约等最早总结得出。

②平仄：平声和仄声。平，指四声中的平声。仄，指四声中的上、去、入三声。旧体诗词和骈俪文讲究声律，所用字音必须平仄相互交替，使声调谐协，谓之调平仄。

③隶：附属，归附。

④苟：如果。

⑤鳏（guān）夫：没有妻子的成年男人。

⑥干：冒犯。

⑦诗韵：诗词用韵所依据的韵书。唐宋时使用的《广韵》分206个韵部，南宋末年平水（今山西新绛）人刘渊将其简化为107个韵部，并成为官方标准，称“平水韵”。元代阴时夫编《韵府群玉》，将平水韵再改为106个韵部，这就是元明清以来最通行的诗韵。本条谈论的诗韵，主要就是依据106部的平水韵。

⑧东、冬韵：这两个都是平声韵部，是平水韵上平中的一东、二冬两

个韵部。

⑨三江：与三讲、三绛、三觉是配合使用的平、上、去、入四个韵部。

⑩诸部：一东、二冬、十四寒（欢、桓属这个韵部）、十五删（山属于这个韵部）、十一真、十二文、十三元均为上平声韵部，一先（渊、天属于这个韵部）、八庚、九青、十二侵、十四盐、十五咸均为下平声韵部。

⑪屋、沃：一屋、二沃为入声韵部。下面列出的四支、五微、六鱼、七虞、八齐、九佳、十灰等为上平声韵，二萧、三肴、四豪、五歌、六麻、十一尤等为下平声韵，二十六寝、二十七感（喊属于这个韵部）为上声韵，三十陷为去声韵，三觉、四质、五物（乞、讫属于这个韵部）、六月（发、伐属于这个韵部）、七曷、八点、九屑、十药、十一陌、十二锡、十三职、十四缉、十五合、十六叶、十七洽等为入声韵。

⑫中州韵：元代周德清《中原音韵》、卓从之《中州乐府音韵类编》等书中总结的音韵体系，也称“中原音韵”。中州韵有阴平、阳平、上、去四声而无入声，字音归为十九韵类，每韵分阴平、阳平、上声、去声四部，入声字分别派入阳平、上、去声中。后来许多戏曲剧种都继承了这个字音传统。车和遮是中州韵的第十四个韵部。

⑬闭口韵：音韵学中指以双唇音 m 或 b 收尾的韵母。

【译文】

声调分为平、上、去、入四声是有一定的正确道理的。然而入声字本身就少，不能认为所有字都具备四声。世上研究平仄音韵的人，因为没有读入声的字，往往把不合韵的字归属到入声的下面。这个被归入的字，若是没有平、上、去三声的话，那就是把寡妇配给光棍，尚且说得过去。要是被归入的那个字本身有其平、上、去三声，而要勉强它归属于入声，那就是冒犯有夫之妇，这怎么可以呢？

姑且就诗的韵律来说吧，如冬、东这两个韵部，都没有入声，现在的人都用东、董、冻、督来与它们协调。“督”这个音，应当附属在都、睹、妒的后面；如果将它附属在东、董、冻后面，那又怎么处置都、睹、妒呢？假如是东、都两个韵部都用“督”来做入声，那就是一个妇人而有两个丈夫了。三江这个韵部没有入声，现在的人都注成江、讲、绛、觉。殊不知“觉”这个音，应当附属于交、绞、教的下面。像这样的例子很多，举也举不完。

既然这样，应当怎么处置才算合理呢？我认为：光棍就让他做光棍，寡妇就让她做寡妇；夫妇相配的，就让他们安于齐全的现状，这几种情况互不干涉就好了。（东、冬、欢、桓、寒、山、其、文、元、渊、先、天、庚、青、侵、盐、咸等韵部，都没有入声字。屋、沃等韵部内像秃、独、鹄、束等字，是鱼、虞等韵部内的都、图等字的入声；卜、木、六、仆等字，是五歌部的入声。玉、菊、狱、育等字，是尤这个韵部的入声。三觉、十药，应当归属于萧、肴、豪。质、锡、职、缉，应当归属于支、微、齐。质这个韵部里的橘、卒，物部的郁、屈，应当归属于虞、鱼。物这个韵部的勿、物等音，没有平声、上声和去声。讫、乞等字是四支韵部的入声。陌这个韵部是佳、灰这两部的半、开、来等字的入声。月部的月、厥、阙、谒等字，以及屑、叶两个韵部，古代没有平声、上声和去声，而如今则是中州韵内车、遮等字的入声字。伐、发等字，以及曷部的括、适，以及八黠这个韵部的所有字，加上十五合这个韵部的字，再加上十七洽这个韵部的所有字，都是六麻这个韵部的入声。曷部中的撮、阔等字，合部中的合、盒几个字，都没有平声、上声和去声。若是将缉、合、叶、洽等字作为闭口韵，那么只能认为它们是没有平声、上声和去声的寡妇，而不能用侵、寝、缉、咸、喊、陷、洽等字来协调。）

【原评译文】

石天外说：中州韵没有入声，是有丈夫而没有妇人，全天下都成了没有老婆的世界了。

第九九则

【原文】

《水浒传》是一部怒书①，《西游记》是一部悟书②，《金瓶梅》是一部哀书③。

【原评】

江含徵曰：不会看《金瓶梅》，而只学其淫，是爱东坡者，但喜吃东坡肉耳④。

殷日戒曰：《幽梦影》是一部快书⑤。

朱其恭曰：余谓《幽梦影》是一部趣书。

【注释】

①怒书：《水浒传》中写的是英雄结义，啸聚山林，表现的是英雄们走投无路被逼造反的愤怒，所以称之为怒书。

②悟书：《西游记》借取经写了大量八卦、五行、金丹大道、心性之学等道教、佛教的内容，通过八十一难写挫折与勘破，最终悟道取得真经，因此也有很多人认为这是一部表现悟道的书。

③哀书：《金瓶梅》写世情与享乐，其中表现了人性中许多阴暗面，作者

在写各色人物的同时，怀着一种悲天悯人的情怀，写出了人生的悲哀与无可奈何。

④喜吃东坡肉：典出《雅谑》："陆宅之善谑，每语人曰：'吾甚爱东坡。'或问曰：'东坡有文，有赋，有字，有东坡巾，君所爱何者?'陆曰：'吾甚爱一味东坡肉。'闻者大笑。"东坡肉，一种煮得极为酥烂的猪肉，传说是由苏东坡所创制的一种烹煮猪肉的方法。清人翟灏《通俗编》卷十四载："《东坡集》诗：'黄州好猪肉，价贱如粪土；富者不肯吃，贫者不解煮。慢着火，少着水，火候足时他自美。每日起来打一碗，饱得自家君莫管。'按今俗谓烂煮肉曰'东坡肉'，由此。"

⑤快书：指通透快意的书。

【译文】

《水浒传》是一部抒写愤怒的书，《西游记》是一部悟道的书，《金瓶梅》是一部哀世的书。

【原评译文】

江含徵说：不会看《金瓶梅》，而只学习其中的淫乱，是喜欢苏东坡的人但却只是爱吃酥烂的东坡肉罢了。

殷日戒说：《幽梦影》是一部舒畅快意的书。

朱其恭说：我认为《幽梦影》是一部有趣的书。

第一〇〇则

【原文】

读书最乐，若读史书则喜少怒多。究之①，怒处亦乐处也。

【原评】

张竹坡曰：读到喜怒俱忘，是大乐境。

陆云士曰：余尝有句云："读《三国志》，无人不为刘[2]；读《南宋书》[3]，无人不冤岳[4]。"第人不知其怒处亦乐处耳。怒而能乐，惟善读史者知之。

【注释】

①究之：仔细推究，归根结底。

②无人不为刘：没有人不站在刘备这一边。

③《南宋书》：是明人钱士升撰写的一部记叙南宋历史的书。

④无人不冤岳：没有人不替岳飞感到冤屈。

【译文】

读书是人生最快乐的事，但如果是读史书则喜悦少而愤怒多。推究起来，使你愤怒之处也正是快乐之处。

【原评译文】

张竹坡说：读书读到把喜悦和愤怒全都忘记，这才是最快乐的境界。

陆云士说：我曾经有句话说："读《三国志》没有人不站在刘备一边；读南宋的书没有人不为岳飞感到冤屈。"但人们不知道愤怒之处也是快乐之处。愤怒而能使人快乐，只有善于读史书的人才能理解。

第一〇一则

【原文】

发前人未发之论，方是奇书；言妻子难言之情[1]，乃为密友。

【原评】

孙恺似曰：前二语是心斋著书本领。

毕右万曰：奇书我却有数种，如人不肯看何？

陆云士曰：《幽梦影》一书所发者，皆未发之论；所言者，皆难言之情。“欲语羞雷同”[②]，可以题赠。

【注释】

①言妻子难言之情：能够谈论对妻子、儿女也难以诉说的衷情。妻子，妻子儿女。

②欲语羞雷同：出自唐代诗人杜甫的《前出塞》九首之九：“从军十年余，能无分寸功。众人贵苟得，欲语羞雷同。中原有斗争，况在狄与戎。丈夫四方志，安可辞固穷。”本意是不愿同他人一样争功。此处指立意不与他人雷同，发别人所未发之议论。

【译文】

能够阐发前人没有发出过的议论，才算是稀奇的书；能够谈及对妻子儿女都难言的衷情，才是亲密无间的朋友。

【原评译文】

孙恺似说：前两句话是张先生写书的才能。

毕右万说：稀奇罕见的书我倒是有好几种，可别人不愿意看怎么办？

陆云士说：《幽梦影》一书所发表的，都是前人没发出过的议论；所说的话都是难以用语言表达的感情。我也想说这一类的话，但又害怕与此相同，可以拿来作为题赠。

第一〇二则

【原文】

一介之士[①]，必有密友，密友不必定是刎颈之交[②]。大率虽千百里之遥[③]，皆可相信，而不为浮言所动[4]；闻有谤之者，即多方为之辩析而后已；事之宜行宜止者，代为筹画决断；或事当利害关头，有所需而后济者[5]，即不必与闻[6]，亦不虑其负我与否，竟为力承其事。此皆所谓密友也。

【原评】

殷日戒曰：后段更见恳切周详，可以想见其为人矣。

石天外曰：如此密友，人生能得几个？仆愿心斋先生当之。

【注释】

①一介之士：一个普通人。一介，一个，多指一个人，多含有藐小、卑贱的意思。用于自称为谦词。《礼记·杂记上》："寡君有宗庙之事，不得承事，使一介老某相执綍。"

②刎（wěn）颈之交：比喻可以同生死、共患难的朋友。语出《史记·廉颇蔺相如列传》："卒相与欢，为刎颈之交。"同书《张耳陈余列传》："两人相与为刎颈交。"

③大率：大概，大致来说。

④浮言：流言蜚语，没有根据的话。

⑤济：成功。

⑥即：即使，就算。不必与闻：不一定亲自听当事的朋友说起。

【译文】

一个普通的人也一定会有亲密的朋友。亲密的朋友不一定就是同生死、共患难的刎颈之交。大致来说，即使相隔千百里之遥，都能彼此信任，不因流言蜚语而动摇；听到别人诽谤自己的朋友，便多方面为他辩白剖析，澄清事实才罢；遇事哪些该做、哪些不该做，替朋友谋划决断；有时事情处在利害关系的紧要关头，有所需要帮助以后才能解除困境的，就不一定要让朋友知道，也不考虑将来他是否会辜负自己，毫不犹豫地尽力替他承担这件事情。这些都是所说的亲密朋友。

【原评译文】

殷日戒说：后边一段更看得出诚恳细致，可以想象出张先生的做人行事了。

石天外说：像这样亲密的朋友，人的一生中能遇到几个？我希望张先生能做我的亲密朋友。

第一〇三则

【原文】

风流自赏，只容花鸟趋陪[①]；真率谁知？合受烟霞供养[②]。

【原评】

江含徵曰：东坡有云[③]：“当此之时，若有所思而无所思。”

【注释】

①趋陪：亲近陪伴。

②合：应该。烟霞：变化的云气。供养：将饮食等供献给神佛或以饭食

招待僧人，这里泛指供给营养。

③东坡有云：出自苏轼《书临皋亭》："东坡居士酒醉饭饱，倚于几上，白云左缭，清江右洄，重门洞开，林峦岔入。当是时，若有所思而无所思，以受万物之备。"

【译文】

文采风流而自我欣赏，只许花鸟相随为伴；真诚直率的心地无人明了，当然应该纵情湖山，接受霞雾的供奉。

【原评译文】

江含徵说：苏东坡说过："处在这种时候，好像有所思虑而又没有什么可想的。"

第一〇四则

【原文】

万事可忘，难忘者名心一段①；千般易淡②，未淡者美酒三杯。

【原评】

张竹坡曰：是闻鸡起舞、酒后耳热气象③。

王丹麓曰：予性不耐饮，美酒亦易淡。所最难忘者，名耳！

陆云士曰：惟恐不好名，丹麓此言具见真处。

【注释】

①名心：求取名誉的心情。

②淡：淡泊，失去兴趣。

③闻鸡起舞：听到鸡叫就起来舞剑。后比喻有志报国的人及时奋起。典出《晋书·祖逖传》："中夜闻荒鸡鸣，蹴琨觉，曰：'此非恶声也。'因起

舞。”酒后耳热：形容喝酒喝得正高兴的时候。

【译文】

万事都可以忘却，只有求取功名的心事难以忘怀；千般情怀都容易淡忘，不能淡忘的是美酒三杯。

【原评译文】

张竹坡说：这是闻鸡起舞、喝酒喝到高兴时的气概。

王丹麓说：我生性不能饮酒，美酒也容易淡忘。最不能忘怀的还是求取功名的心啊。

陆云士说：唯恐不喜好追求功名，丹麓这番话最能看出真实之处。

第一〇五则

【原文】

芰荷可食[①]，而亦可衣[②]；金石可器[③]，而亦可服。

【原评】

张竹坡曰：然后知濂溪[④]不过为衣食计耳。

王司直曰：今之为衣食计者，果似濂溪否？

【注释】

①芰（jì）荷：指菱与荷。两者都可以吃。《楚辞·离骚》：“制芰荷以为衣兮，集芙蓉以为裳。”

②衣：动词，芰叶和莲叶可以做成衣服穿。

③金石：既指用来加工成器具的金属和石头，又指古代道家的丹药。器：动词，制成器具。

④濂溪：周敦颐（1017—1073 年），原名敦实，字茂叔，号濂溪，道州

（今湖南道县）人，人称濂溪先生。北宋思想家、理学家，宋明理学创始人之一。他曾经写过《爱莲说》，表达对莲花的喜爱。

【译文】

菱与荷既可以食用，又可以制成衣服穿；金石可以制作器具，也可以炼制金丹服用。

【原评译文】

张竹坡说：读此话后才明白周敦颐喜爱荷花不过是为了穿衣吃饭之计罢了。

王司直说：现在这些为衣食之计的人，果然像周敦颐那样清高耿直吗？

第一〇六则

【原文】

宜于耳复宜于目者，弹琴也，吹箫也；宜于耳不宜于目者，吹笙也①，擫管也②。

【原评】

李圣许曰：宜于目不宜于耳者，狮子吼之美妇人也③；不宜于目并不宜于耳者，面目可憎、语言无味之纨袴子也④。

庞天池曰：宜于耳复宜于目者，巧言令色也⑤。

【注释】

①笙：管乐器名，一般用十三根长短不同的竹管制成。

②擫（yè）：用手指按捺。管：竹制乐器。

③狮子吼：河东狮吼，喻悍妻怒骂之声。苏轼有《寄吴德仁兼简陈季常》诗："龙丘居士亦可怜，谈空说有夜不眠。忽闻河东狮子吼，拄杖落手心茫

然。”宋代陈慥，字季常，自称龙丘居士，是苏轼的朋友。他好谈佛，而其妻柳氏悍妒，故苏轼以佛家语赋诗戏之。河东为柳姓的郡望，比如唐代柳宗元世称柳河东，这里代指柳氏。狮子吼，佛家比喻佛祖讲经威严，声震世界，因为陈季常喜欢谈佛，所以借用这个佛学术语来戏称柳氏之怒。后人多用河东狮子来泛称悍妇、泼妇，用河东狮子吼来形容悍妇发怒叫骂，以季常之癖来代指惧内。

④纨袴（wán kù）子：衣着华美的年轻人。旧时指富贵人家成天吃喝玩乐、不务正业的子弟。

⑤巧言令色：用动听的言语和伪善的面目取悦于人。巧言，花言巧语。令色，讨好的表情。《论语·学而》：“巧言令色，鲜矣仁。”

【译文】

既好听而又悦目的是弹琴和吹箫，好听而看上去不太雅观的是吹笙和吹笛子。

【原评译文】

李圣许说：适合看而不适

合听的，是凶悍而又漂亮的女人；不适合看也不适宜听的，是面目令人憎恶、语言庸俗乏味的有钱人家的子弟。

庞天池说：既好听又好看的，是用动听的言语和伪善的面目取悦于人的行为。

第一〇七则

【原文】

看晓妆，宜于傅粉之后①。

【原评】

余淡心曰：看晚妆，不知心斋以为宜于何时？

周冰持曰②：不可说，不可说！

黄交三曰："水晶帘下看梳头"③，不知尔时曾傅粉否？

庞天池曰：看残妆，宜于微醉后，然眼花缭乱矣。

【注释】

①傅粉：搽粉。

②周冰持：周稚廉（1666—1694年），字冰持，号可笑人，江苏华亭（今上海松江）人。少时以《钱塘观潮赋》知名，作有传奇数十种。以国子监生试礼部，屡试不第，愤懑以死。著有传奇《珊瑚玦》《双忠庙》《元宝媒》，另有《容居堂诗抄》七卷、《容居堂词抄》三卷。

③水晶帘下看梳头：语出唐代诗人元稹《离思》五首之二："山泉散漫绕阶流，万树桃花映小楼。闲读道书慵未起，水晶帘下看梳头。"尔时：犹言其时或彼时。

【译文】

看女子清晨的妆饰，应该在她涂了粉之后。

【原评译文】

余淡心说：看女子晚间的妆饰，不知道张先生认为适合在什么时候？

周冰持说：不可以说出来，不可以说出来！

黄交三说：在水晶制作的帘子外面观看梳头，不知这时候擦粉了没有？

庞天池说：看残妆适宜在微微有醉意之后，然而那时候就眼前纷繁情思恍惚了。

第一〇八则

【原文】

我不知我之生前[①]，当春秋之季，曾一识西施否[②]？当典午之时[③]，曾一看卫玠否[④]？当义熙之世[⑤]，曾一醉渊明否？当天宝之代[⑥]，曾一睹太真否？当元丰之朝[⑦]，曾一晤东坡否？千古之上，相思者不止此数人，而此数人则其尤甚者，故姑举之以概其余也。

【原评】

杨圣藻曰：君前生曾与诸君周旋，亦未可知。但今生忘之耳。

纪伯紫曰[⑧]：君之前生，或竟是渊明、东坡诸人，亦未可知。

王名友曰：不特此也。心斋自云“愿来生为绝代佳人”，又安知西施、太真，不即为其前生耶？

郑破水曰：赞叹爱慕，千古一情。美人不必为妻妾，名士不必为朋友，又何必问之前生也耶？心斋真情痴也。

陆云士曰：余尝有诗曰：“自昔闻佛言，人有轮回事。前生为古人，不知何姓氏？或览青史中，若与他人遇。”竟与心斋同情，然大逊其奇快。

【注释】

①生前：指转世为这个人之前，即前世。佛家有轮回转世之说。

②西施：春秋时期的越国美女。或称先施，别名夷光，亦称西子。姓施，春秋末年越国苎罗人。越王勾践败于会稽，范蠡取西施献吴王夫差，使其迷惑忘政。越遂亡吴。后西施归范蠡，同泛五湖。事见《吴越春秋·勾践阴谋外传》。一说吴亡后，越沉西施于江。

③典午：隐指司马，是晋朝的代称。《三国志·蜀书·谯周传》："周语次，因书版示立曰：'典午忽兮，月酉没兮。'典午者，谓司马也；月酉者，谓八月也。至八月而文王（司马昭）果崩。"典，掌管，与"司"同义。午，十二生肖中对应马。

④卫玠（286—312 年）：字叔宝，小字虎，晋朝河东安邑人。他容貌俊美，风采极佳，被称为玉人。卫玠的舅舅骠骑将军王济，亦具丰姿，但每见到他便叹说："珠玉在前，觉我

形秽。”又说“与玠同游，炯若明珠之在侧，朗然照人耳”。卫玠曾担任太傅西阁祭酒、太子洗马。他身体不好，有羸疾，乘白羊车到洛阳市集时，常被人群包围，不堪劳累。怀帝永嘉六年（312），卒于南昌，时人认为他是被“看杀”，故有成语“看杀卫玠”。《晋书·卫玠传》：“京师人士闻其姿容，观者如堵。玠劳疾遂甚，永嘉六年卒，时年二十七，时人谓玠被看杀。”

⑤义熙：东晋安帝的年号，也是东晋最后一个年号，公元405—418年。

⑥天宝：唐玄宗时的年号，公元742—756年。唐玄宗开元、天宝时被称为盛世。

⑦元丰：宋神宗时的年号，公元1078—1085年。

⑧纪伯紫：纪映钟（1609—1681年），字伯紫，又作伯子、檗子，号憨叟，自称钟山遗老，明末清初江南上元（今江苏南京）人，后移居仪征，是纪青之子。明诸生。崇祯时为复社领袖，明亡后，弃诸生，躬耕养母。工诗善书，知名海内。著有《真冷堂诗稿》《憨叟诗钞》。

【译文】

我不知道我的前生，在春秋时代是否曾经与西施相识？在晋朝时，是否曾经看过玉人王玠？在东晋义熙年间，是否曾经与陶渊明醉饮？在唐朝天宝年间，曾经见过杨贵妃之面？在宋朝元丰年间，是否曾与苏东坡见过一面？千百年来，令我思慕的不止这几个人，但他们却是其中的典型人物，所以姑且列举他们来概括其他人。

【原评译文】

杨圣藻说：张先生前世是否曾经与这些人交往已经不可能知道，只是现在已经把他们忘记了啊。

纪伯紫说：张先生的前世或者就是陶渊明、苏东坡等人，也不一定。

王名友说：不仅如此。张先生自己说希望来生做个绝代美人，又怎么知道西施、杨贵妃，不就是他的前世呢？

郑破水说：赞叹爱慕，千百年来感情是一样的。美人不一定要娶作妻妾，名人侠士不一定要成为朋友，又何必要问前世呢？张先生真是一个感情专注的人。

陆云士说：我曾经写诗说："自昔闻佛言，人有轮回事。前生为古人，不知何姓氏？或览青史中，若与他人遇。"竟然与张先生有共同的感受，然而远逊于他的奇思快想。

第一〇九则

【原文】

我又不知在隆、万时①，曾于旧院中交几名妓②？眉公、伯虎、若士、赤水诸君③，曾共我谈笑几回？茫茫宇宙，我今当向谁问之耶？

【原评】

江含徵曰：死者有知，则良晤匪遥④。如各化为异物⑤，吾未如之何也已。

顾天石曰：具此襟情，百年后当有恨不与心斋周旋者，则吾幸矣。

【注释】

①隆、万：指隆庆、万历年间。隆庆，明穆宗年号，公元1567—1572年；万历，明神宗年号（1573—1620年）。这一时期，政治荒废、经济发达、世风奢靡颓废，士人们纵情声色。

②旧院：在今南京，明朝为妓女聚集的地方。清代余怀在《板桥杂记·雅游》中有对旧院的记载："旧院，人称曲中，前门对武定桥，后门在钞库街，妓家鳞次，比屋而居。"

③眉公：陈继儒（1558—1639年），字仲醇，号眉公，又号麋公，明松江华亭（今属上海）人。他志趣高雅，博学多通。工诗善文、能书画，短札小词皆极风致，著述甚丰，有《眉公全集》《晚香堂小品》等。伯虎：唐寅（1470—1523年），吴县（今江苏苏州）人，字伯虎，一字子畏，号六如居

士、桃花庵主等。若士：即汤显祖，初字义少，改字义仍，号海若、若士、清远道人、茧翁，明抚州府临川人。早有文名，不应首辅张居正延揽而四次落第。万历十一年（1583）进士。官南京太常博士，迁礼部主事。以疏劾大学士申时行，谪徐闻典史。后迁遂昌知县，不附权贵，被削职。归居玉茗堂，专心戏曲，卓然为大家。与早期东林党领袖顾宪成、高攀龙、邹元标及当时著名文人袁宏道、沈茂学、屠隆、徐渭、梅鼎祚等相友善。有《紫钗记》（《紫箫记》改本）、《牡丹亭》、《邯郸记》、《南柯记》，合称“玉茗堂四梦”或“临川四梦”。另有诗文集《红泉逸草》《问棘邮草》《玉茗堂集》。赤水：屠隆（1542—1605年），字长卿，一字纬真，号赤水、鸿苞居士等，明鄞县（今浙江宁波）人。万历五年（1577）进士，做过礼部主事，被劾罢归，纵情诗酒，家贫，以卖文为生。著有传奇《彩毫记》《罢花记》《修文记》，另有《义士传》《冥寥子》《由拳集》《白榆集》等，晚年有小品集《娑罗馆清言》及《续娑罗馆清言》。

④良晤：欢聚。

⑤异物：指已经死去的人。《史记·屈原贾生列传》：“化为异物兮，又何足患！”司马贞索隐：“谓死而形化为鬼，是为异物。”

【译文】

我也不知道自己若是生在明朝隆庆、万历年间，曾于妓院中交往过几位有名的妓女？陈继儒、唐伯虎、汤显祖、屠隆等几位君子，曾与我一起谈笑过几回？无边无际的时间和空间，我现在应该向谁去询问这些事呢？

【原评译文】

江含徵说：如果死去的人有知觉，那么欢聚并不遥远。如果是死后各自变成其他异类，那我就不知道怎么办了。

顾天石说：张先生具有这种胸襟情怀，百年之后应当会有遗憾不能与张先生交往的人，那么我非常幸运了啊。

第一一〇则

【原文】

文章是有字句之锦绣，锦绣是无字句之文章，两者同出于一原[1]。姑即粗迹论之[2]，如金陵[3]，如武林[4]，如姑苏[5]，书林之所在[6]，即机杼之所在也[7]。

【注释】

①原：本原，源头。

②粗迹：指表面现象。

③金陵：今江苏南京。

④武林：今浙江杭州。

⑤姑苏：今江苏苏州。

⑥书林：刻书的书坊或藏书之处，泛指文化学术兴盛的地方。

⑦机杼：织机，此处代指纺织业，也喻指诗文的构思。

【译文】

文章是由字句织出的锦绣制品，锦绣制品是没有字句的文章，文章与锦绣同出于一个源头。姑且用粗浅的事迹证明它，如南京、杭州、苏州，是出文章的地方，也是出纺织品的地方。

第一一一则

【原文】

予尝集诸法帖字为诗①，字之不复而多者，莫善于《千字文》②。然诗家目前常用之字，犹苦其未备。如天文之烟霞风雪，地理之江山塘岸，时令之春宵晓暮，人物之翁僧渔樵，花木之花柳苔萍，鸟兽之蜂蝶莺燕，宫室之台槛轩窗，器用之舟船壶杖，人事之梦忆愁恨，衣服之裙袖锦绮，饮食之茶浆饮酌，身体之须眉韵态，声色之红绿香艳，文史之骚赋题吟，数目之一三双半，皆无其字。《千字文》且然，况其他乎？

【原评】

黄仙裳曰：山来此种诗，竟似为我而设。

顾天石曰：使其皆备，则《千字文》不为奇矣。吾尝于千字之外，另集千字，而已不可复得，更奇。

【注释】

①法帖：名家书法墨迹的拓本或印本。宋代曹士冕《法帖谱系·杂说上》："太宗皇帝时，尝遣使购募前贤真迹，集为法帖十卷，镂板而藏之。"

②《千字文》：原名为《次韵王羲之书千字》，是古代用来教儿童识字的重要启蒙读物，由南朝梁周兴嗣所作，和《三字经》《百家姓》合称"三百千"。李倬《尚书故实》记载梁武帝命大臣殷铁石模次王羲之书碣碑石的字迹，又要求拓出互不重复的一千个字，以赐八王。殷铁石拓出后，此千余字互不联属，梁武帝又命令周兴嗣将这一千字编成一篇文章，周兴嗣竟一夜编成。全文由"天地玄黄"到"焉哉乎也"，总共二百五十个隔句押韵的四字短句构成，很便于记诵。内容包含天文、地理、历史、农耕、

园艺、饮食起居、修身养性、纲常礼教等各个方面，整篇文章一字都不重复。

【译文】

我曾经收集了许多规范字帖上的字凑成诗，字不相重复而又多的，没有好过《千字文》的。但是写诗的人目前常用的字，还是苦于它不完备。如天文类的烟、霞、风、雪，地理类的江、山、塘、岸，时令类的春、宵、晓、暮，人物类的翁、僧、渔、樵，花木类的花、柳、苔、萍，鸟兽类的蜂、蝶、鸯、燕，宫室类的台、槛、轩、窗，器用类的舟、船、壶、杖，人事类的梦、忆、愁、恨，衣服类的裙、袖、锦、绮，饮食类的茶、浆、饮、酌，身体类的须、眉、韵、态，声色类的红、绿、香、艳，文史类的骚、赋、题、吟，数目类的一、三、双、半，这些字在《千字文》上都没有。《千字文》尚且如此，何况其他书帖呢？

【原评译文】

黄仙裳说：张先生的这种集字诗，竟然好像是为我所设的。

顾天石说：假如其他字帖每个字都能具备，那《千字文》就不算奇特了。我曾经在《千字文》之外，另外搜集了千字，然而已经不能再得到新的字了，因此更是奇特。

第一一二则

【原文】

花不可见其落，月不可见其沉，美人不可见其夭。

【原评】

朱其恭曰：君言谬矣。洵如所云，则美人必见其发白齿豁而后快耶？

【译文】

花朵最不堪看到的是它的凋落，月亮最不堪看到的是它的沉落，佳人最不堪看到的是她的早逝。

【原评译文】

朱其恭说：张先生这话错了啊。确实如您所说的那样，那么美人一定要看到她头发变白、牙齿缺落才高兴吗？

第一一三则

【原文】

种花须见其开，待月须见其满，著书须见其成，美人须见其畅适①，方有实际②，否则皆为虚设③。

【原评】

王璞庵④曰：此条与上条互相发明，盖曰："花不可见其落耳，必须见其开也。"

【注释】

①畅适：舒畅顺适。

②实际：切实的价值。

③虚设：徒具其表、没有实际意义的摆设。

④王璞庵：不详。

【译文】

种花一定要见到它盛开，赏月必须看到它圆满，撰写著作一定要看到书成，美人一定要看到她畅意舒适，这才有意义，否则这一切都是虚妄不实的。

【原评译文】

王瑛庵说：这一条与上一条互相阐发，大概是说："花儿不可以看见它凋落，一定要看到它开放。"

第一一四则

【原文】

惠施多方，其书五车[①]；虞卿以穷愁著书[②]。今皆不传，不知书中果作何语？我不见古人，安得不恨！

【原评】

王仔园曰[③]：想亦与《幽梦影》相类耳。

顾天石曰：古人所读之书，所著之书，若不被秦人烧尽，则奇奇怪怪，可供今人刻画者，知复何限？然如《幽梦影》等书出，不必思古人矣。

倪永清曰：有著书之名，而不见书，省人多少指摘。

庞天池曰：我独恨古人不见心斋。

【注释】

①惠施多方，其书五车：惠施博学多识，著述有五车那么多。惠施，战国时期宋国人，是诸子百家中名家（逻辑学）的代表人物，称为惠子，与庄子既是辩论对手，又是好朋友。有《惠子》，已佚。多方，学识渊博。方，学术。语出《庄子·天下主》："惠施多方，其书五车。"

②虞卿：或作虞庆、吴庆。战国时游说之士，虞氏，名失传。因游说赵孝成王，为赵上卿，故号虞卿。他主张以赵为主，合纵抗秦。后因救魏相魏齐，弃相印与魏齐逃亡，困于梁。魏齐自尽，虞卿穷愁著书，有《虞氏春秋》，今佚，清人有辑本。

③王仔园：王宾（1628—1682年），字宾玉，号仔园，清江都（今江苏扬州）人。康熙二年（1663）举人。工诗词，与孙枝蔚、汪耀麟、汪懋麟等人过从甚密。著有《一草亭集》。

【译文】

惠施的学识广博，他的著作可装载五车；虞卿在生活穷困忧愁的情况下著书立说。至今他们的著作没有流传下来的，不知道他们在书中到底写些什么？我不能读到这些古人的思想，怎能不感到遗憾呢？

【原评译文】

王仔园说：想来这些书也跟《幽梦影》相似吧。

顾天石说：古人所读的书，所写的书，假如不被秦朝人烧光，那么各种奇奇怪怪，可以让今人刻板印刷的书就不知道有多少了。然而像《幽梦影》这样的书一出现，就没有必要去思念古人了。

倪永清说：有写书的名声但见不到他们所写的书，省去别人多少指责批评。

庞天池说：我只遗憾古人不能见到张先生。

第一一五则

【原文】

以松花为粮[①]，以松实为香[②]，以松枝为麈尾[③]，以松阴为步障[④]，以松涛为鼓吹[⑤]。山居得乔松百余章[⑥]，真乃受用不尽。

【原评】

施愚山曰[⑦]：君独不记曾有松多大蚁之恨耶？

江含徵曰：松多大蚁，不妨便为蚁王。

石天外曰：坐乔松下，如在水晶宫中，见万顷波涛总在头上，真仙境也。

【注释】

①松花：松树的花。据明代李时珍《本草纲目》记载："松花，别名松黄……润心肺，益气，除风止血。亦可酿酒。"

②松实为香：松树的果实含有脂状物，成为松脂、松香等，可以入药、可以照明，有天然芳香。

③麈（zhǔ）尾：古人闲谈时执以驱虫、掸尘的一种工具。在细长的木条两边及上端插设兽毛，或直接让兽毛垂露外面，类似马尾松。因古代传说麈迁徙时，以前麈之尾为方向标志，故有此称。后古人清谈时必执麈尾，相沿成习，为名流雅器，不谈时，亦常执在手。麈，驼鹿，古人称四不像，因为它角像鹿、蹄像牛、尾像驴、颈背像骆驼而得名。

④松阴：松树的树荫。步障：用以遮蔽风尘或隔离内外的一种屏幕。《晋书·石崇传》："（崇）举贵戚王恺、羊琇之徒，以奢靡相尚……恺作紫丝布步障四十里，崇作锦步障五十里以敌之。"

⑤松涛：风吹过松林，松枝互相碰击发出的如波涛般的声音，也称松风。

鼓吹：古代的军中之乐。唐代李山甫《陪郑先辈华山罗谷访张隐者》诗有："谷风闻鼓吹，苔石见文章。"

⑥乔松：高大的松树。乔，高。《诗经·郑风·山有扶苏》："山有乔松，隰有游龙。"章：大的树木。

⑦施愚山：施闰章（1618—1683年），明末清初宣城（今属安徽）人，字尚白，号愚山、蠖斋。顺治六年（1649）进士，授刑部主事，因试高第，充山东学政。历官江西分守湖西道布政司参议。康熙十八年（1661），举博学鸿儒，授侍讲，预修《明史》，进侍读，所至有治绩。文章醇雅，尤工于诗，与宋琬有"南施北宋"之名，据东南诗坛数十年，号"宣城体"。著有《学余堂文集》《试院冰渊》《青原志略补辑》《矩斋杂记》《蠖斋诗话》。

【译文】

把松树的花作为粮食，把松树的果实作为熏香，用松树的枝叶作为拂尘，把松树的树荫当作屏障，把起伏的松涛当作音乐。住在山中，如果有上百棵高大的松树，真是令人享用不尽的福分。

【原评译文】

施愚山说：张先生不记得曾说过松树下有许多大蚂蚁的遗憾了吧？

江含徵说：松树下多有大蚂蚁，不妨就做蚁王。

石天外说：坐在高大的松树下，如同身在水晶宫中，看见万顷波浪一直在头顶上，真是仙境啊。

第一一六则

【原文】

玩月之法，皎洁则宜仰观，朦胧则宜俯视。

【原评】

孔东塘曰：深得玩月三昧[1]。

【注释】

①三昧：奥妙，诀窍。

【译文】

赏玩月色的方法是：月色皎洁时应该抬头仰望，月色朦胧时则适合由高处向下看。

【原评译文】

孔东塘说：深得玩赏月色的奥秘。

第一一七则

【原文】

孩提之童[1]，一无所知，目不能辨美恶，耳不能判清浊，鼻不能别香臭。至若味之甘苦，则不第知之，且能取之弃之。告子以甘食、悦色为性[2]，殆指此类耳[3]。

【注释】

①孩提之童：指尚在襁褓之中、刚刚知道笑的幼儿，一般指两三岁以内的孩子。《孟子·尽心上》："孩提之童，吾不知爱其亲者。"

②告子以甘食、悦色为性：告子将喜欢甘美的食物和喜欢美色，视为人类的本性。告子，战国时人，或说名不害，与孟子同时，主张人性无善恶说，又主张"食、色，性也"，认为喜欢甘甜的饮食和美色，这是人类的本性。

③殆：大概。

【译文】

尚在襁褓中的婴儿，什么都不知道，眼睛不能辨别美好与恶丑，耳朵不能判别清浊之音，鼻子不能分辨香臭之嗅。至于味道的苦甜，则不仅知道，而且还能知道要什么不要什么。告子把喜欢吃甘美的东西、喜欢美色视为人的本性，大概指的就是这一类人吧。

第一一八则

【原文】

凡事不宜刻，若读书则不可不刻①；凡事不宜贪，若买书则不可不贪②；凡事不宜痴，若行善则不可不痴③。

【原评】

余淡心曰：读书不可不刻，请去一“读”字，移以赠我，何如？

张竹坡曰：我为刻书累，请并去一“不”字。

杨圣藻曰：行善不痴，是邀名矣。

【注释】

①刻：前一个是苛刻、严苛之意，后一个是刻苦、深入之意。

②贪：前一个是贪婪、贪得无厌

之意，后一个是如饥似渴、不知满足之意。

③痴：前一个是愚笨之意，后一个是沉迷、专注之意。

【译文】

不论什么事情都不应该太严苛，但如果是读书则不能不刻苦；不论什么事情都不应该太贪婪，但如果是买书就不能不贪多；不论做什么事情都不应该太沉迷，但如果是做善事则不能不沉迷。

【原评译文】

余淡心说：读书不能不严苛，请去掉一个“读”字，拿来送给我，怎么样？

张竹坡说：我因为刻印书籍劳累，请一并去掉一个“不”字。

杨圣藻说：做善事不痴迷，就是追求名声啊。

第一一九则

【原文】

酒可好，不可骂座①；色可好，不可伤生②；财可好，不可昧心③；气可好，不可越理④。

【原评】

袁中江曰：如灌夫使酒⑤，文园病肺⑥，昨夜南塘一出⑦，马上挟章台柳归⑧，亦自无妨。觉愈见英雄本色也。

【注释】

①骂座：亦作“骂坐”，辱骂同席的人。

②伤生：指因放纵色欲而伤害身体，有损健康。

③昧心：违背良心。

④越理：超出常理，不合情理。

⑤灌夫使酒：灌夫借饮酒发泄自己心中的不满。灌夫，字仲孺，西汉人，初以勇武闻名，为人刚直不阿，任侠，好饮酒骂人。与丞相田蚡不和，后因在蚡处使酒骂座，戏侮田蚡，为蚡所劾，以不敬罪族诛。事见《史记·魏其武安侯列传》。

⑥文园病肺：司马相如有消渴症，因与卓文君相好，引发痼疾，卒死于此病。文中是以此作为好色伤生的例子。文园，指西汉文学家司马相如（前179—前118年），他曾出任孝文园令，所以称他为文园。相如为西汉蜀郡成都（今属四川）人，字长卿，是汉武帝时著名的辞赋家，著有《子虚赋》《上林赋》等。事迹见《史记》《汉书》中本传。

⑦昨夜南塘一出：昨天夜里又到南塘走了一趟，指的是祖逖夜里带人出门劫掠的事。南塘，秦淮河南岸。塘，堤岸。一出，一番，一回。故事出自《世说新语·任诞》："祖车骑过江时，公私俭薄，无好服玩。王、庾诸公共就祖，忽见裘袍重叠，珍饰盈列。诸公怪问之，祖曰：'昨夜复南塘一出。'祖于时恒自使健儿鼓行劫钞，在事之人，亦容而不问。"

⑧马上挟章台柳归：故事出自唐许尧佐的传奇小说《柳氏传》（也做《章台柳》）：唐韩翊有姬柳氏，以艳丽称。韩获选上第归家省亲；柳留居长安，安史乱起，出家为尼。后韩为平卢节度使侯希逸书记，使人寄柳诗曰："章台柳，章台柳，昔日青青今在否？纵使长条似旧垂，亦应攀折他人手。"柳为蕃将沙吒利所劫，侯希逸部将许俊以计夺还归韩。

【译文】

可以嗜好饮酒，但不能醉后骂人；可以爱好美色，但不能纵欲伤身；可以贪恋钱财，但不能昧着良心赚钱；可以发泄愤慨，但不能逾越道理。

【原评译文】

袁中江说：像灌夫借饮酒发泄自己心中的不满，司马相如因与卓文君相好而引发痼疾，祖逖夜里带人出门劫掠，许俊马上携章台柳氏而归，也自然没有妨碍。我觉得愈发显现出英雄本色。

第一二〇则

【原文】

文名可以当科第[1]，俭德可以当货财[2]，清闲可以当寿考[3]。

【原评】

聂晋人曰：若名人而登甲第，富翁而不骄奢，寿翁而又清闲，便是蓬壶三岛中人也[4]。

范汝受曰[5]：此亦是贫贱文人无所事事，自为慰藉云耳，恐亦无实在受用处也。

曾青藜曰[6]："无事此静坐，一日似两日。若活七十年，便是百四十。"此是"清闲当寿考"注脚。

石天外曰：得老子退一步法。

顾天石曰：予生平喜游，每逢佳山水辄留连不去，亦自谓可当园亭之乐。质之心斋，以为然否？

【注释】

①文名：善于写文章的名声。科第：指参加科举考试中第，取得功名。本意是指按照科条来决定等级次第。

②俭德：勤俭的美德。

③寿考：长寿。考，老。

④蓬壶三岛中人：即神仙。蓬壶三岛，指传说中的蓬莱、方丈、瀛洲三座海上仙山。亦泛指仙境。唐代郑畋《题缑山王子晋庙》："六宫攀不住，三岛互相招。"

⑤范汝受：范国禄（1623—1696 年），字汝受，号十山，通州（今江苏

南通）人。父凤翼，东林党人，入清不仕。国禄屡试不第，游踪半天下，著有《十山楼稿》。

⑥曾青藜：曾灿（1625—1689年），原名传灿，字青藜，号止山，宁都（今属江西）人。崇祯末年兵部给事中曾应遴第二子，曾任兵部职方主事，参南明唐王军事，败后削发为僧出游。回里筑六松草堂，躬耕养母数年，后又出游东南，居苏州光福二十余年。与魏禧及魏际瑞、魏礼、彭士望等合称“易堂九子”。晚年以笔舌糊口四方，卒于京师。曾选同时人诗二十卷为《过日集》，又有《六松草堂文集》《西崦草堂诗集》等。

【译文】

以文采而闻名可以代替科场及第，有勤俭的品德可以代替财产丰厚，清闲度日可以代替长寿。

【原评译文】

聂晋人说：如果有名望的人又科举登上甲第，家中富有而不骄横奢侈，身为长寿翁而又清闲无事，便是蓬莱三岛中的神仙。

范汝受说：这也是贫穷卑微

的读书人整天没什么事情，自己宽慰自己罢了，恐怕也没有什么实际上的好处。

曾青藜说：“无事此静坐，一日似两日。若活七十年，便是百四十。”这是“清闲度日可以代替长寿”这句话的注解。

石天外说：这种议论深得老子后退一步的说法。

顾天石说：我平常喜欢游玩，每当遇到好山水就留恋不离去，也自认为可以代替园林亭台之乐。请问张先生是不是这样呢？

第一二一则

【原文】

不独诵其诗、读其书①，是尚友古人②，即观其字画，亦是尚友古人处。

【原评】

张竹坡曰：能友字画中之古人，则九原皆为之感泣矣③。

【注释】

①诵其诗、读其书：吟咏他们作的诗，读他们著的书。语出《孟子·万章下》：“以友天下之善士为未足，又尚论古之人。颂其诗，读其书，不知其人，可乎？是以论其世也。”颂，同“诵”。

②尚友：上与古人为友。《孟子·万章下》：“是以论其世也，是尚友也。”尚，同“上”。

③九原：本为山名，这里泛指墓地。唐代皎然《短歌行》有：“萧萧烟雨九原上，白杨青松葬者谁？”感泣：感动地落泪。

【译文】

不只是吟咏他们作的诗、诵读他们著的书是与古人为友，就连欣赏他们的字画，也是把前人当作朋友的举动。

【原评译文】

张竹坡说：能与字画中的古人为友，那么坟墓之下的人都为之感动地落泪了。

第一二二则

【原文】

无益之施舍，莫过于斋僧①；无益之诗文，莫甚于祝寿。

【原评】

张竹坡曰：无益之心思，莫过于忧贫；无益之学问，莫过于务名。

殷简堂曰②：若诗文有笔资③，亦未尝不可。

庞天池曰：有益之施舍，莫过于多送我《幽梦影》几册。

【注释】

①斋僧：将斋食施舍给僧人。

②殷简堂：不详。

③笔资：写字、绘画、撰文所得的报酬。

【译文】

毫无益处的施舍，莫过于把斋饭施舍给僧人。没有益处的诗词文章，没有比祝贺寿诞之文更无聊的。

【原评译文】

张竹坡说：毫无益处的心思，没有比担忧贫穷更无用的；毫无益处的学问，没有比追求虚名更大的过失。

殷简堂说：假如写祝贺寿诞的诗词文章有稿酬，也未尝不可以。

庞天池说：有益处的施舍，莫过于多送我几册《幽梦影》。

第一二三则

【原文】

妾美不如妻贤，钱多不如境顺。

【原评】

张竹坡曰：此所谓竿头欲进步者。然妻不贤，安用妾美？钱不多，那得境顺？

张迂庵曰：此盖谓二者不可得兼，舍一而取一者也。又曰：世固有钱多而境不顺者。

【译文】

侍妾貌美不如妻子贤惠，钱财多不如处境顺利。

【原评译文】

张竹坡说：这就是所谓的百尺竿头还想要更进一步。但是妻子如果不贤惠，侍妾美貌有何用？钱如果不多，怎么能够境遇顺畅？

张迂庵说：这大概就是所说的两者不能兼得，舍弃其中一个而取另一个。又说：世上确实有钱多但是处境不顺利的人。

第一二四则

【原文】

创新庵不若修古庙①，读生书不若温旧业②。

【原评】

张竹坡曰：是真会读书者，是真读过万卷书者，是真一书曾读过数遍者。

顾天石曰：惟《左传》、《楚词》、马、班、杜、韩之诗文，及《水浒》、《西厢》、《还魂》等书，虽读百遍不厌。此外皆不耐温者矣，奈何？

王安节③曰：今世建生祠④，又不若创茅庵。

【注释】

①庵：小的庙宇，多为尼姑居住修行的地方。

②生书：未读过的书或书中没有读过的内容。温：温习。旧业：已学过的课业。

③王安节：王概（1645—约1710年），清秀水（今浙江嘉兴）人，初名丐，字东郭，一字安节。能诗，善山水。精刻印，兼精刻竹。后久居南京，以卖画为生。曾编《芥子园画传》，又与弟王蓍、王臬合编《芥子园画传》二集、三集。著有《学画浅说》。因喜结达官贵人，时人称之“天下热客王安节”。

④生祠：旧时指为还活着的人所修建的祠堂。明代魏忠贤当权时期，谄媚者或慑于其势焰者为其建生祠，遍于全国各地，所以文中有此议论。

【译文】

建造新的庵寺不如修葺古老的庙宇，阅读生疏的书籍不如温习原来的学业。

【原评译文】

张竹坡说：张先生是真正会读书的人，是真正读过万卷书的人，是真正一本书读过许多遍的人。

顾天石说：只有《左传》、《楚词》、司马迁、班固、杜甫、韩愈等人的诗文，以及《水浒传》、《西厢记》、《还魂记》等书，即使读了上百遍也不厌倦。此外都经不起温习，怎么办？

王安节说：如今为活着的人建造祠庙，又不如盖茅庵。

第一二五则

【原文】

字与画同出一原①。观六书始于象形②，则可知已。

【原评】

江含徵曰：有不可画之字，不得不用六法也。

张竹坡曰：千古人未经道破，却一口拈出。

【注释】

①字与画同出一原：这是中国传统书画理论中的一个重要观点，既指汉字与绘画在起源上有相通之处，也指文字与绘画在用笔墨表现等形式方面有相通之处。原，本原，源头。

②六书：古人分析汉字造字的理论，即象形、指事、会意、形声、转注、假借。东汉许慎在《说文解字序》中最早对六书作了详细解说。象形：汉字造字的基本方法，指的是描摹实物的形状造字，是“六书”之一。

【译文】

字和画产生自同一源头。观察六书造字起始于象形就可以知道了。

【原评译文】

江含徵说：因为有不能画出来的字，不得不用六种方法来造字。

张竹坡说：千百年来，没被人说破的道理，被张先生一语中的。

第一二六则

【原文】

忙人园亭，宜与住宅相连；闲人园亭，不妨与住宅相远。

【原评】

张竹坡曰：真闲人，必以园亭为住宅。

【译文】

忙碌之人的园林亭榭应该与住宅连在一起，闲适之人的园林亭榭不妨距离自己的住宅远一些。

【原评译文】

张竹坡说：真正的闲适之人，必定会把园林亭榭当成住宅。

第一二七则

【原文】

酒可以当茶，茶不可以当酒；诗可以当文，文不可以当诗；曲可以当词，词不可以当曲；月可以当灯，灯不可以当月；笔可以当口，口不可以当笔；婢可以当奴，奴不可以当婢。

【原评】

江含徵曰：婢当奴则太亲，吾恐“忽闻河东狮子吼”耳。

周星远曰：奴亦有可以当婢处，但未免稍逊耳。近时士大夫往往耽此癖[①]。吾辈驰骛之流，盗此虚名，亦欲效颦相尚。滔滔者天下皆是也，心斋岂未识其故乎？

张竹坡曰：婢可以当奴者，有奴之所有者也。奴不可以当婢者，有婢之所同有，无婢之所独有者也。

弟木山曰：兄于饮食之顷，恐月不可以当灯。

余湘客曰[②]：以奴当婢，小姐权时落后也[③]。

宗子发曰[④]：惟帝王家不妨以奴当婢，盖以有阉割法也。每见人家奴子出入主母卧房，亦殊可虑。

【注释】

①此癖：指喜好男风之风气。

②余湘客：不详。

③权时：暂时、临时。

④宗子发：宗元豫（1624—1696 年），字子发，晚号半石，明末清初学者，江苏泰州人。明诸生。入清后隐居昭阳士室，潜心经史，亦工诗文。著述颇丰，有《两汉文删》《古诗赋删》《卧游录》《唐宋明十大家文删》《唐二十家明二十家诗删》《志小录》《韩杜合删》《焚余稿诗文》等。

【译文】

酒可以当茶喝，茶不可以当作酒喝；诗可以当作文章，但是文章不可以当作诗；曲可以当作词，词不可以当作曲；月亮可以代替灯，灯不可以代替月亮；笔可以代替口，口不可以代替笔；婢女可以代替男仆做粗活，男仆不可以代替婢女干细活。

【原评译文】

江含徵说：婢女当成男仆就太亲近了，我恐怕耳边忽然听到妻妾的怒骂声。

周星远说：男仆也有可以代替婢女的地方，只是不免略微逊色。近代士大夫往往沉溺于这种癖好。我们这些纵横一时的文人，为了窃取这种虚名，也想要效仿推崇。世间普遍都是这样的，张先生难道没有看出这其中的缘故吗？

张竹坡说：婢女能够代替男仆，是因为具有做奴仆的共同点。男仆不可以代替婢女，除了具有与婢女的共同点之外，不具备婢女的独有之处，就是女人。

弟木山说：兄长在饮酒进食的时候，只怕月亮不能代替灯。

余湘客说：把男仆当成婢女，小姐要暂时落后了。

宗子发说：只有帝王之家不妨把男仆当成婢女，因为有阉割的办法。我经常见到世人家里的男仆出入于女主人的卧室，也特别为此担忧。

第一二八则

【原文】

胸中小不平，可以酒消之；世间大不平，非剑不能消也。

【原评】

周星远曰："看剑引杯长[①]"，一切不平皆破除矣。

张竹坡曰：此平世的剑术，非隐娘辈所知[②]。

张迂庵曰：苍苍者未必肯以太阿假人[③]，似不能代作空空儿也[④]。

尤悔庵曰：龙泉太阿，汝知我者[⑤]，岂止苏子美以一斗读《汉书》耶[⑥]？

【注释】

①看剑引杯长：语出唐杜甫《夜宴左氏庄》："检书烧烛短，看剑引杯长。"

②隐娘：聂隐娘，唐传奇中的女侠，相传为德宗贞元中魏博大将聂锋之女。十岁时为老尼窃去，授以剑术。教成归家，嫁磨镜少年。宪宗元和间，魏博令隐娘夫妻刺杀陈许节度使刘昌裔。聂隐娘为其所感，反而帮助他杀刺客精精儿，击退妙手空空儿。刘昌裔死后，隐娘辞去。文宗大和间，复有人见之。

③苍苍者：上天。太阿：古宝剑名，相传为春秋时欧冶子或干将所铸。

④空空儿：唐人小说中的剑侠。后多指窃贼。唐代裴硎《传奇·聂隐娘》："后夜当使妙手空空儿继至。空空儿之神术，人莫能窥其用，鬼莫得蹑其踪，能从空虚而入冥，善无形而灭影。"后多代指高明的窃贼。

⑤龙泉太阿，汝知我者：龙泉、太阿，古代的两把宝剑。出自《南史·

王蕴传》："为广德令，欲以将领自奋。每抚刀曰：龙泉太阿，汝知我者。"

⑥苏子美：苏舜钦（1008—1048年），字子美，北宋诗人，号沧浪翁，开封（今属河南）人。仁宗景祐元年（1034）进士。工诗文，其体豪放，时发愤于歌诗中。又善草书，每酣酒落笔，为时人所传。后为湖州长史卒。有《苏学士集》。传说他夜里读《汉书》，每天晚上都要喝掉一斗酒。

【译文】

胸中有小小的不平之气，可以用酒来消解；人世间有很大的不公平的事，不用剑就不能解决。

【原评译文】

周星远说：观看舞剑，举杯饮酒，所有的不平之气都可以消除了。

张竹坡说：这是驱除世间不平事的剑术，不是聂隐娘之辈所能了解的。

张迂庵说：上天未必肯将太阿宝剑借给人，似乎不能代替妙手空空儿。

尤悔庵说：龙泉和太阿，你们是我的知己，我岂能像苏子美那样每天喝掉一斗酒来读《汉书》呢？

第一二九则

【原文】

不得已而谀之者，宁以口，毋以笔；不可耐而骂之者，亦宁以口，毋以笔。

【原评】

孙豹人曰[①]：但恐未必能自主耳。

张竹坡曰：上句立品，下句立德。

张迂庵曰：匪惟立德，亦以免祸。

顾天石曰：今人笔不谀人，更无用笔之处矣。心斋不知此苦，还是唐宋以上人耳。

陆云士曰：古笔铭曰[②]："毫毛茂茂，陷水可脱，陷文不活[③]。"正此谓也。亦有谀以笔而实讥之者，亦有骂以笔而若誉之者，总以不笔为高。

【注释】

①孙豹人：孙枝蔚（1620—1687年），明末清初三原（今属陕西）人，字叔发，号豹人，一说字豹人，号溉堂。世为巨商。明末散家财起兵，与李自成军对抗。兵败，只身走扬州。据《扬州画舫录》，身长八尺，声如洪钟，庞眉广额。康熙十八年（1679）被迫应博学鸿词征，以年老不能应试，授司经局正字，即内阁中书正字。返里。客游四方而终。著有《溉堂集》。

②古笔铭：见宋王应麟《困学纪闻》卷五引太公《阴谋》。太公即吕望，助周武王伐纣，据说他作了许多箴铭，这则古笔铭即其一。

③陷水可脱，陷文不活：落入水中可以获救，被文章罗织却活不了。

【译文】

迫不得已要其奉承的人，宁愿用口说，不要用笔写成文字；无法忍耐而要骂人的人，也宁愿用口说，不要用笔写。

【原评译文】

孙豹人说：只怕不一定能够自己做主罢了。

张竹坡说：上句树立人品，下句树立德行。

张迂庵说：不光树立德行，也可以免除祸端。

顾天石说：如今的人若是不用笔奉承别人，就更加没有用笔之处了。张先生不理解这种痛苦，他还是唐宋以前的人啊。

陆云士说：古笔铭说："毛笔的毛很丰满，陷落水中还可以摆脱，陷落文章中就不能活命了。"正是这种说法。也有用笔写文章奉承但实际上是讽刺的，也有用笔写文章骂人但实际上好像赞美人的，总归还是以不用笔写为上。

第一三〇则

【原文】

多情者必好色，好色者未必尽属多情；红颜者必薄命，而薄命者未必尽属红颜；能诗者必好酒，而好酒者未必尽属能诗。

【原评】

张竹坡曰：情起于色者，则好色也，非情也；祸起于颜色者，则薄命在红颜否？则亦止曰：命而已矣。

洪秋士曰：世亦有能诗而不好酒者。

【译文】

多情的人一定贪爱女色，而贪爱女色的人不一定都是多情的人；美丽的女子一定命运不好，而命运不好的人不一定都是美丽的女子；诗写得好的人一定好饮酒，而爱喝酒的人不一定都是能写诗的人。

【原评译文】

张竹坡说：看到女子容颜漂亮而动情，那就是好色，不是多情；祸患起源于容貌，那么命运不好是因为美貌吗？如果不是这样也只能说命该如此罢了。

洪秋士说：世间也有能写诗而不喜好饮酒的人。

第一三一则

【原文】

梅令人高①，兰令人幽②，菊令人野③，莲令人淡④，春海棠令人艳⑤，牡丹令人豪，蕉与竹令人韵，秋海棠令人媚⑥，松令人逸⑦，桐令人清⑧，柳令人感⑨。

【原评】

张竹坡曰：美人令众卉皆香，名士令群芳俱舞。

尤谨庸曰：读之惊才绝艳，堪采入《群芳谱》中⑩。

【注释】

①高：高尚脱俗。

②幽：幽静闲雅。

③野：质朴，有田园风味。

④淡：恬淡，与世无争。

⑤春海棠：即海棠，春天开红色或白色的花，花色娇艳。

⑥秋海棠：多年生草本观赏植物，秋天开红色花。

⑦逸：超逸脱俗。

⑧桐：指梧桐。

⑨感：使人感动、伤感，引发思绪。

⑩《群芳谱》：明代介绍栽培植物的著作，全称是《二如亭群芳谱》，由明代王象晋（1561—1653 年）编撰。全书三十卷，内容按天、岁、谷、蔬、果、茶竹、桑麻、葛棉、药、木、花、卉、鹤鱼等十三谱分类，记载植物达四百余种。清康熙四十七年（1708），汪灏等人奉康熙帝之命，在《群芳谱》的基础上又改编成《广群芳谱》一百卷。

【译文】

梅花使人感到高洁，兰花使人感到幽静，菊花使人感到野趣横生，莲花使人感到淡泊超然，春海棠使人感到妖娆艳丽，牡丹使人感到豪华雍容，芭蕉与竹子使人感到别有风韵，秋海棠使人感到娇艳妩媚，松树使人感到超脱飘逸，梧桐使人感到清高孤介，柳树使人多愁善感。

【原评译文】

张竹坡说：美丽的人使所有花卉都散发香气，知名之士使所有花都轻轻舞动。

尤谨庸说：读起来才华惊人、文辞瑰丽，可以摘录到《群芳谱》中。

第一三二则

【原文】

物之能感人者，在天莫如月，在乐莫如琴，在动物莫如鹃，在植物莫如柳。

【译文】

事物中能使人感动的，在天上的莫过于月亮，在乐器中的莫过于琴，在动物中的莫过于杜鹃，在植物中的莫过于柳树。

第一三三则

【原文】

妻子颇足累人，羡和靖梅妻鹤子；奴婢亦能供职，喜志和樵婢渔奴[①]。

【原评】

尤悔庵曰：梅妻鹤子，樵婢渔童，可称绝对。人生眷属，得此足矣。

【注释】

①志和：张志和（约730—约810年），唐婺州金华（今属浙江）人，字子同，初名龟龄。肃宗时待诏翰林，赐名志和。后坐事贬南浦尉，未到任，

适逢亲丧而辞职，不复仕，从此隐居江湖，自号烟波钓徒，又号玄真子。善歌词，多写闲散生活，又能书画、击鼓、吹笛。其词今存《渔父》五首。樵婢渔奴：唐肃宗曾赏赐张志和奴、婢各一人，张志和让他们结为夫妇，取名“渔童”、“樵青”。

【译文】

成家娶妻、养活儿女都是相当使人劳累的事情，羡慕林和靖能把梅花当妻子，把白鹤当儿女；奴仆婢女也能担任职务，仰慕张志和把皇帝赏赐的男仆婢女配为夫妇。

【原评译文】

尤悔庵说：把梅花当作妻子、白鹤当作子女，男仆和婢女配作绝妙的一对，人生有这样的亲属，就可以满足了。

第一三四则

【原文】

涉猎虽曰无用①，犹胜于不通古今；清高固然可嘉，莫流于不识时务②。

【原评】

黄交三曰：南阳抱膝时③，原非清高者可比。

江含徵曰：此是心斋经济语。

张竹坡曰：不合时宜则可，不达时务，奚其可？

尤悔庵曰：名言，名言！

【注释】

①涉猎：广泛涉及，一般指粗略地阅读、浏览，不深入钻研。

②不识时务：指不认识当前重要的事态和时代的潮流，也指待人接物不

知趣。《后汉书·张霸传》："邓骘当朝贵盛，闻霸名行，欲与结交，霸逡巡不答。众人笑其不识时务。"

③南阳抱膝：诸葛亮在南阳隐居。抱膝，以手抱膝而坐，有所思的样子。据《三国志·蜀书·诸葛亮传》载："亮躬耕垄亩，好为《梁父吟》"，裴松之注引三国魏鱼豢《魏略》："每晨夕从容，常抱膝长啸。"

【译文】

广泛读书却不专精虽然说没有什么用处，但还是胜过对古今事一概不懂的人；清高固然值得赞美，但不能变成不识时务。

【原评译文】

黄交三说：诸葛亮在南阳抱着双膝长吟的时候，原本就不是清高的人所能相比的。

江含徵说：这是张先生经世济民的言语。

张竹坡说：不符合时代潮流还可以，不能认识当前势态又怎么可以呢？

尤悔庵说：名言，名言！

第一三五则

【原文】

所谓美人者，以花为貌，以鸟为声，以月为神，以柳为态，以玉为骨，以冰雪为肤，以秋水为姿①，以诗词为心，吾无间然矣②。

【原评】

冒辟疆曰：合古今灵秀之气，庶几铸此一人。

江含徵曰：还要有松蘖之操才好③。

黄交三曰：论美人而曰“以诗词为心”，真是闻所未闻。

【注释】

①秋水：秋天的江湖水，比喻女子姿神朗彻。

②无间然：无可挑剔，没法再说什么。《论语·泰伯》：“禹，吾无间然矣。”

③松蘖（niè）之操：喻指坚贞不渝的品行。蘖，即黄蘖、黄柏，落叶乔木，木材坚硬，茎可制黄色染料，树皮可入药，性寒味苦。操，行为，品行。

【译文】

世人所说的美人，要有花一样的容貌，鸟一般的声音，月一样的神情，柳一样的体态，玉一般的骨骼，冰雪一般的肌肤，秋水一般的资质，诗词一样的心灵情感，如果具备这些品质，我便没有任何可挑剔的地方了。

【原评译文】

冒辟疆说：这样的美人是融合古往今来的灵秀之气，也许可以铸成这样一位美人。

江含微说：还要有松柏一样的节操才好。

黄交三说：评论美人说“以诗词为心”，真是从来没有听说过的。

第一三六则

【原文】

蝇集人面，蚊嘬人肤①，不知以人为何物？

【原评】

陈康畤曰：应是头陀转世②，意中但求布施也。

释菌人曰：不堪道破。

张竹坡曰：此《南华》精髓也③。

尤悔庵曰：正以人之血肉，只堪供蝇蚊咀嘬耳。以我视之，人也；自蝇蚊视之，何异腥膻臭腐乎？

陆云士曰：集人面者，非蝇而蝇；嘬人肤者，非蚊而蚊。明知其为人也，而集之嘬之，更不知其以人为何物。

【注释】

①蚊嘬（zuō）人肤：蚊子叮咬人的皮肤。嘬，咬，叮。《孟子·滕文公上》：“狐狸食之，蝇蚋姑嘬之。”

②头陀：佛教语，原意为抖擞浣洗烦恼，后世也用以指行脚乞食的僧人。又作“驮都”、“杜多”、“杜荼”。《法苑珠林》：“西云头陀，此云抖擞，能行此法，即能抖擞烦恼，去离贪著，如衣抖擞，能去尘垢，是故从喻为名。”

③《南华》：《南华真经》的省称，《庄子》的别名。唐玄宗天宝元年（742）二月，封庄子为南华真人，《庄子》改为《南华真经》。

【译文】

苍蝇聚集在人的脸上，蚊子叮咬人的皮肤，不知道它们把人当做什么东西了。

【原评译文】

陈康畴说：应该是行脚乞食的僧人转世变幻而成的，心中只想要求取施舍罢了。

释菌人说：不能说破。

张竹坡说：这正是《南华经》的精髓。

尤悔庵说：正是因为人的血肉只能供苍蝇蚊子叮咬。在我们看来是人，在苍蝇蚊子看来，与腥膻臭腐有什么不同呢？

陆云士说：聚集在人脸上的，不是苍蝇却像苍蝇一样；叮咬人皮肤的，不是蚊子却像蚊子一样。明明知道是人，却聚集在他身上叮咬他，更不知道它把人当成什么东西了。

第一三七则

【原文】

有山林隐逸之乐而不知享者，渔樵也、农圃也、缁黄也[①]；有园亭姬妾之乐而不能享、不善享者，富商也、大僚也[②]。

【原评】

弟木山曰：有山珍海错而不能享者，庖人也[③]。有牙签玉轴而不能读者[④]，蠹鱼也、书贾也。

【注释】

①农圃：老农是种五谷粮食的，老圃是种蔬菜果木的，农圃就是指农民。

缁（zī）黄：指僧人和道士。僧人缁服，道士黄冠，故称。唐代独孤及《谢勅书兼赐冬衣表》：“缁黄载跃，斑白相欢。”

②大僚：大官。

③庖人：厨师。

④牙签玉轴：卷型古书的标签和卷轴。借指书籍。牙，象牙。玉，美玉。形容书籍之精美。《隐居通议·古赋一》引宋傅幼安《味书阁赋》：“黄帘绿幕之闭，牙签玉轴之藏，出则连车，入则充梁。”

【译文】

拥有山林隐逸的乐趣而不知道享受的是打鱼人、砍柴人、农夫、僧人和道士；拥有园林姬妾的乐趣而不知道享受的和不善于享受的，是富有的商人、权力较大的官员。

【原评译文】

弟木山说：拥有丰盛的佳肴却不能享用的是厨子，拥有各种精美书籍而不能阅读的是蛀虫和书商。

第一三八则

【原文】

黎举云[①]：“欲令梅聘海棠，枨子（想是橙）臣樱桃[②]，以芥嫁笋[③]，但时不同耳。”予谓物各有偶，拟必于伦[④]。今之嫁娶，殊觉未当。如梅之为物，品最清高；棠之为物，姿极妖艳。即使同时，亦不可为夫妇。不如梅聘梨花，海棠嫁杏，橼臣佛手[⑤]，荔枝臣樱桃，秋海棠嫁雁来红，庶几相称耳。至若以芥嫁笋，笋如有知，必受河东狮子之累矣。

【原评】

弟木山曰：余尝以芍药为牡丹后，因作贺表一通。兄曾云：“但恐芍药未必肯耳。”

石天外曰：花神有知，当以花果数升谢蹇修[⑥]矣。

姜学在曰[⑦]：雁来红做新郎，真个是老少年也[⑧]。

【注释】

①黎举：不详。这句话出自唐冯贽《云仙杂记》卷三引《金城记》：“黎举常云：欲令梅聘海棠，枨子臣樱桃，以芥嫁笋，但恨时不同耳。”

②枨（chéng）子：橙子。臣：役使，统率，行使主人的权力。

③以芥嫁笋：将芥菜嫁给竹笋。芥，芥菜，蔬菜名，味道辛辣。

④拟必于伦：将两个事物相提并论、成双配对，首先必须得是同类的事物。这是化用《礼记·曲礼》中的“拟人必于其伦”之语。拟，比拟，类比。伦，类。

⑤橼：香橼、枸橼。佛手：其实就是枸橼的变种，果实有裂纹，像人拳头。《本草纲目》记载：“其实状如人手，有指，俗呼为佛手柑。”

⑥蹇修：媒人。

⑦姜学在：姜实节（1647—1709年），字学在、思末，号鹤涧，清山东莱阳人，居苏州。著名遗民姜而农的次子，流寓吴中，不入城市，布衣终老。善书，笔势如篆籀，画山水法倪瓒。工诗，擅七绝。著有《焚余草》。

⑧老少年：雁来红的别名。

【译文】

黎举说：想要让梅花聘娶海棠，橙子向樱桃称臣，将芥菜嫁给竹笋，可惜它们生长的时令不同啊。我认为事物各自都有配偶，打算让它们相互匹配，一定首先得是同类。前面说的嫁娶安排，实在觉得不恰当。梅花这种植物，品格最为清雅高洁；海棠这种植物，姿容特别妖艳。即使两者开放的季节相同，也不能结为夫妇。不如让梅花娶梨花，海棠嫁给杏花，香橼向佛手称臣，荔枝向樱桃称臣，秋海棠嫁给雁来红，这样就大致上相称了。至于把芥菜嫁给竹笋，竹笋如果有知觉，必然要遭受悍妻的折磨了。

【原评译文】

弟木山说：我曾经把芍药作为牡丹的皇后，借此而写了一篇贺词。兄长曾说：“只怕芍药不一定答应啊。”

石天外说：花神如果有知觉，当会以数升花果来感谢媒人了。

姜学在说：让雁来红做新郎，真的是老少年了。

第一三九则

【原文】

五色有太过[①]，有不及，惟黑与白无太过。

【原评】

杜茶村曰[②]：居独不闻唐有李太白乎？

江含徵曰：又不闻玄之又玄乎[3]？

尤悔庵曰：知此道者，其惟弈乎？老子曰："知其白，守其黑。"

【注释】

①五色：青、赤、白、黑、黄五种颜色。古代以此五者为正色。这里泛指各种颜色。太过：太过分，太过头了。

②杜茶村：杜濬（1611—1687 年），原名诏先，字于皇，号茶村，黄冈（今属湖北）人。明崇祯十二年（1639）副贡，入清不仕，寓居于江宁四十余年，殁于扬州。其诗文皆工，而尤以诗著称，吴伟业曾云："吾五言律得茶村《焦山》诗而始进。"其著作大部分散佚，今存《变雅堂遗集》。

③玄之又玄：指"道"幽昧深远，不可测知。出自《老子》："玄之又玄，众妙之门。"玄，在《老子》中本指深奥、难懂的道理，此处实际指黑色，故意以一词多义，曲解经典。

【译文】

各种颜色有超过限度之处，有达不到之处，只有黑色与白色没有超过限度之外。

【原评译文】

杜茶村说：难道没听说过唐朝有李太白吗？

江含徵说：又没听说过"玄之又玄"吗？

尤悔庵说：知道这方面学问的，只有围棋吧？老子说："知其白，守其黑。"

第一四〇则

【原文】

许氏《说文》分部[1]，有止有其部而无所属之字者，下必注云："凡某之属，皆从某。”赘句殊觉可笑，何不省此一句乎？

【原评】

谭公子曰[②]：此独民县到任告示耳[③]。

王司直曰：此亦古史之遗。

【注释】

①许氏《说文》：东汉许慎著《说文解字》，共十四篇，加《后序》共十五篇。这是中国古代第一部系统性的字书，是研究中国文字学的基本工具书，收九千多字，以小篆为主体。

②谭公子：不详。

③独民县：只有一个百姓的县。明末冯梦龙在《挂枝儿·谑部·山人》的评论中，曾讲述了一个当时流传的独民县笑话。

【译文】

许慎的《说文解字》划分部首，遇到只有其部类而没有所附属之字的，下面必定注释说：凡是某部所属都归某某部，这多余的语句感觉非常可笑，何不省去这一句话呢？

【原评译文】

谭公子说：这只是独民县县令的到任告示罢了。

王司直说：这也是古代历史的遗迹。

第一四一则

【原文】

阅《水浒传》至鲁达打镇关西、武松打虎，因思人生必有一桩极快意事，方不枉在生一场。即不能有其事，亦须著得一种得意之书，庶几无憾耳（如李太白有贵妃捧砚事①，司马相如有文君当垆事②，严子陵有足加帝腹事③，王之涣、王昌龄有旗亭画壁事④，王子安有顺风过江作《滕王阁序》事之类⑤。）

【原评】

张竹坡曰：此等事，必须无意中方做得来。

陆云士曰：心斋所著得意之书颇多，不止一打快活林、一打景阳岗称快意矣。

弟木山曰：兄若打中山狼⑥，更极快意。

【注释】

①李太白有贵妃捧砚事：传说李白为翰林院供奉时，曾于醉后奉命草诏，他要求玄宗宠幸的杨贵妃为他捧砚，宦官高力士为他脱靴。冯梦龙的《警世通言·李谪仙醉草吓蛮书》中有关于此事的记载，只是捧砚者变成了杨国忠。贵妃捧砚，见宋人刘斧《摭遗》中的记载：李白失意游华山，过县，宰方开门决事，白乘醉跨驴过门，宰怒，不知太白也。引至庭下曰："汝何人？辄敢无礼！"白乞供状，状无姓名，曰："曾龙巾拭吐，御手调羹，贵妃授砚，力士抹靴，天子门前尚容走马，华阳县里，不得我骑驴？"宰惊起，揖曰："不知翰林至此。"太白跨蹇而去。

②司马相如有文君当垆（lú）事：司马相如以琴挑逗富商卓王孙新寡的

女儿卓文君，文君与其私奔，因家贫，与相如在卓文君家乡临邛开酒店，由卓文君卖酒。卓文君当垆，司马相如围一条犊鼻裈洗酒器。事见《史记·司马相如列传》。

③足加帝腹：严光，字子陵，汉代高士，会稽余姚人，他少时与光武帝刘秀同游学。刘秀即帝位后，严光就改变姓名隐居起来。刘秀派人四处觅访，好不容易找到严光，亲自去拜访他，严光假装卧眠不理睬。因共偃卧，光以足加帝腹上。次日太史官奏“客星犯御座甚急”，光武帝笑着说，这是我与故人子陵共卧耳。事详见《后汉书·严光传》。刘秀任命严光为谏议大夫，他不肯接受，跑到富春山去过躬耕垂钓的生活，后人把他垂钓的地方称为严陵濑。

④旗亭画壁：王之涣（688—742 年），字季陵，绛郡（今山西新绛）人，少时以豪侠著称，诗名很盛，但流传下来的诗只有六首。王昌龄（698—757 年），唐京兆长安（今陕西西安）人，一说太原人，一说江宁（今江苏南京）人，诗风格雄浑，被称为“七绝圣手”。高适（约 702—765 年），字达夫，渤海蓨（今河北景县）人。这三人都是盛唐时期著名诗人，“旗亭画壁”说的就是他们三个人的故事。开元年间三人齐名，有一次他们一起到酒楼畅饮。忽遇有伶人与女伎奏乐宴饮。三位诗人私下约定以歌女所唱的诗数来比较水平，唱到的诗多的就算获胜。一歌女唱“寒雨连江夜入吴”，王昌龄伸手在壁上画一道，说：“一首绝句。”不久又一歌女唱“开箧泪沾臆”，高适伸手在壁上画一道说：“一首绝句。”又一歌女唱“奉帚平明金殿开”，王昌龄又伸手画一道说：“两首绝句。”王之涣自觉得久有诗名，就对王昌龄、高适说：“这几个都是失意的乐官罢了。”接着指着所有歌女中最出众的一个说：“这个人所唱的如果不是我的诗，我就永远不敢和你们争高下了。”那个女子开始唱了，唱的果然是王之涣的“黄河远上白云间”诗。这个故事见唐代薛用弱的传奇小说集《集异记》，后人也称为“旗亭赌唱”。旗亭，指酒楼，古代酒家筑亭道旁，挑旗门前，故称。

⑤王子安：王勃（648—675 年），字子安，绛州龙门（今山西河津）人，初唐四杰之一，因为替沛王作《檄英王鸡》文，被赶出长安。后来远赴交趾探望父亲，途中堕海而亡。顺风过江作《滕王阁序》事：唐代罗隐的《中元传》

中记载："唐王勃，方十三，随舅游江左。尝独至一处，见一叟。容服纯古，异之，因就揖焉。……叟曰：'中元水府，吾所主也。来日滕王阁作记，子有清才，何不为之？子登舟，吾助汝清风一席，子回，幸复过此。'勃登舟，舟去如飞，乃弹冠诣府下。府帅阁公已召江左名贤毕集，命吏授笔砚。及勃，则留而不拒。"

⑥中山狼：喻恩将仇报、没有良心的人。事见明代马中锡的寓言《中山狼传》，记赵简子在中山打猎，一狼中箭逃命，东郭先生救之。既而狼反欲食东郭先生。明康海有《中山狼》杂剧演其事。康熙三十八年（1699），因恶人陷害，张潮一度入狱，他在《虞初新志·剑侠传》的评语中称："吾尝遇中山狼，恨今世无剑侠，一往愬之。"本条当创作于该年之后。

【译文】

阅读《水浒传》看到鲁智深拳打镇关西、武松打虎处，便想到人生一定要有一桩极称心所欲的事，才不枉生在世上一场。即使不能做出这样快意的事，也必须要写出一部满意快畅的书，这样才没有遗憾吧！（如李太白有杨贵妃为其捧砚之事，司马相如有与卓文君一起当垆卖酒之事，严子陵做过把脚放到汉光武帝肚子上的事，王之涣、王昌龄有旗亭画壁的故事，王勃有神仙顺风送他渡江以作《滕王阁序》的事。）

【原评译文】

张竹坡说：这样的事情，必须是在没有意识要去做的时候，才能做得出来。

陆云士说：张先生所写的满意的书很多，不仅仅一打快活林、一打景阳岗才能称得上快意之事。

弟木山说：兄长若是打那个像中山狼一样恩将仇报的人，更是非常快意。

第一四二则

【原文】

春风如酒[①]，夏风如茗[②]，秋风如烟，如姜芥[③]。

【原评】

许筠庵曰[④]：所以秋风客气味狠辣[⑤]。

张竹坡曰：安得东风夜夜来？

【注释】

①春风如酒：春风温暖和煦，令人感觉如饮了美酒般醺然自在。

②夏风如茗：夏风清凉，拂去溽暑，令人感觉如饮了清茶一般精神舒畅。

③秋风如烟，如姜芥：秋风萧瑟，如烟气般呛人，又如姜芥一般辛辣刺激。

④许筠庵：许承宣（？—1685 年），字力臣，号筠庵，许承家之兄，清

江都（今江苏扬州）人。康熙十五年（1676）进士，官工科给事中，后假归，卒于家。著有《青岑文集》。

⑤秋风客：以各种借口向别人索取财物的干谒者。

【译文】

春风温软，令人感觉如饮了美酒般醺然自在；夏风清凉，拂去溽暑，令人感觉如饮了清茶一般精神舒畅；秋风萧瑟，如烟气般呛人，又如姜芥一般辛辣刺激。

【原评译文】

许筠庵说：所以说打秋风的人神态凶狠、毒辣。

张竹坡说：怎样才能使东风夜夜吹来？

第一四三则

【原文】

冰裂纹极雅①，然宜细，不宜肥；若以之作窗栏，殊不耐观也。（冰裂纹须分大小，先作大冰裂，再于每大块之中作小冰裂，方佳。）

【原评】

江含徵曰：此便是哥窑纹也②。

靳熊封曰③："一片冰心在玉壶④"，可以移赠。

【注释】

①冰裂纹：指瓷器表面美观但并不影响实际使用的裂纹。这种裂纹是通过控制瓷器胎体和瓷器表面釉层的物质成分，经过焙烧后冷却，使得釉层的收缩大于胎体的收缩，釉面因此出现开裂，成为瓷器的一种特有的装饰图案，形如冰裂开后的花纹，称冰裂纹。

②哥窑纹：即冰裂纹。冰裂纹以哥窑产最为有名。哥窑，又名哥哥窑、琉田窑，是中国古时五大瓷窑之一，为宋代浙江处州人章生一在龙泉琉田创建的瓷窑，章生一的弟弟章生二在龙泉也有瓷窑，叫弟窑。

③靳熊封：靳治荆，字熊封，号书樵，又号雁堂，别号黄山长，清汉军镶黄旗人。历任安徽歙县知县、江西吉安知府。有《思旧录》《金陵览古诗》等。疑为康熙间治河名臣、兵部尚书靳辅之子。亦王士禛门人，王氏《居易录》多次提及其人。

④一片冰心在玉壶：比喻心地纯洁。出自唐代诗人王昌龄的《芙蓉楼送辛渐》："寒雨连江夜入吴，平明送客楚山孤。洛阳亲友如相问，一片冰心在玉壶。"

【译文】

瓷器上的冰裂纹极其雅致而不落俗套，但适宜细小，不适宜宽大；如果用它来做窗下的栏杆，非常不好看。（冰裂纹在结构上应该分大小，先做出大的冰裂纹，然后再在每个大块中做成小冰裂纹，这样观看起来才美观。）

【原评译文】

江含徵说：这就是宋代著名的哥窑纹。

靳熊封说："一片冰心在玉壶"这句诗，可以转赠给这高雅艺术的欣赏者。

第一四四则

【原文】

鸟声之最佳者，画眉第一①，黄鹂、百舌次之②。然黄鹂、百舌，世未有笼而蓄之者，其殆高士之俦③，可闻而不可屈者耶？

【原评】

江含徵曰：又有“打起黄莺儿”者④，然则亦有时用他不着。

陆云士曰：“黄鹂住久浑相识，欲别频啼四五声”⑤，来去有情，正不必笼而畜之也。

【注释】

①画眉：鸟名，黄褐色，体长约六七寸，因为眼圈有一条白线，形如修长的眉毛而得名。鸣声婉转，常被人用笼子养起来欣赏。

②黄鹂：也叫莺、黄莺、黄鸟等，体长七八寸，雄鸟毛羽金黄而有光泽。鸣声婉转动听，世人常以莺声燕语比喻女子声音娇俏。百舌：又名反舌鸟，也叫乌鶇，体长约九寸，全身黑色，善鸣，其声多变化，如百鸟之音，所以得名。《淮南子·说山训》：“人有多言者，犹百舌之声。”高诱注：“百舌，鸟名，能易其舌效百鸟之声，故曰百舌也。以喻人虽多言无益于事也。”

③高士之俦（chóu）：与高人隐士同类。俦，同类，伴侣。

④打起黄莺儿：出自唐金昌绪的《春怨》：“打起黄莺儿，莫

教枝上啼。啼时惊妾梦，不得到辽西。”

⑤黄鹂住久浑相识，欲别频啼四五声：出自唐戎昱《移家别湖上亭》：“好是春风湖上亭，柳条藤蔓系离情。黄莺住久浑相识，欲别频啼四五声。”

【译文】

鸟儿啼叫的声音最好听的，画眉鸟第一，黄鹂鸟、百舌鸟第二。但是世上没有用笼子来喂养黄鹂鸟、百舌鸟的，它们大概属于隐逸高士一类，是只可听其言论，而不能使它们屈尊的吧？

【原评译文】

江含徵说：然而诗中又有“打起黄莺儿”的人，可见也有用不着它的时候。

陆云士说：有诗说“黄鹂相处久了好像相互认识，临飞走时频频鸣叫四五声”。前来离去都有感情，正是不必用笼子关起来喂养它的原因。

第一四五则

【原文】

不治生产①，其后必致累人；专务交游②，其后必致累己。

【原评】

杨圣藻曰：晨钟夕磬，发人深省。

冒巢民曰③：若在我，虽累人累己，亦所不悔。

宗子发曰：累己犹可，若累人则不可矣。

江含徵曰：今之人未必肯受你累，还是自家稳些的好。

【注释】

①不治生产：指不注意或无暇料理自己的生计。生产，生计和产业，谋

生之业。

②交游：结交朋友。

③冒巢民：即冒襄。

【译文】

不经营自己的生计产业，这种后果一定会使他人受害；专爱结交朋友玩乐，以后一定会导致连累自己。

【原评译文】

杨圣藻说：像寺院里清晨的钟声与傍晚的磬音一样，令人深刻反省。

冒巢民说：如果对我来说，即使是拖累自己，或使别人受害也不后悔。

宗子发说：拖累自己还可以，假如拖累别人就不行了。

江含徵说：现在的人不一定肯被你拖累，还是自己不显露、不张扬些比较好。

第一四六则

【原文】

昔人云："妇人识字，多致诲淫[①]。"予谓此非识字之过也。盖识字则非无闻之人[②]，其淫也，人易得而知耳。

【原评】

张竹坡曰：此名士持身不可不加谨也。

李若金曰：贞者识字愈贞，淫者不识字亦淫。

【注释】

①诲淫：引诱别人做奸淫之事。出自《周易·系辞上》："慢藏诲盗，冶容诲淫。"

②无闻之人：没有名声的人，不为人知的人。

【译文】

过去有人说："女人能够识字，容易不守贞操。"我认为这并不是认识字的过错。大概因为妇女能够识字，她就不是一个默默无闻的人，这种人做出淫乱之事，更容易被大家知道罢了。

【原评译文】

张竹坡说：这就是有名声的人保持自身高洁不可不加以谨慎的缘故。

李若金说：贞洁的人识字后会更贞洁，淫乱的人不识字也一样淫乱。

第一四七则

【原文】

善读书者，无之而非书[①]：山水亦书也，棋酒亦书也，花月亦书也。善游山水者，无之而非山水：书史亦山水也[②]，诗酒亦山水也，花月亦山水也。

【原评】

陈鹤山曰：此方是真善读书人，善游山水人。

黄交三曰：善于领会者，当作如是观。

江含徵曰：五更卧被时，有无数山水书籍在眼前胸中。

尤悔庵曰：山耶，水耶，书耶？一而二，二而三，三而一者也。

陆云士曰：妙舌如环，真慧业文人之语[③]。

【注释】

①无之：无往。

②书史：经史之类的典籍，泛指书籍。

③慧业文人：指有文学天才并与文字结为业缘的人。《宋书·谢灵运传》：

“太守孟顗事佛精恳，而为灵运所轻。尝谓顗曰：‘得道应须慧业文人。生天当在灵运前，成佛必在灵运后。’顗深恨此言。”

【译文】

善于读书的人，没有什么不是可读的书：山水是书，棋酒是书，花月也是书。善于游山玩水的人，没有什么不是游历的山水：书籍是山水，吟诗喝酒是山水，花月也是山水。

【原评译文】

陈鹤山说：这才是真正善于读书的人，善于游山玩水的人。

黄交三说：善于领略事物而有所体会的人，应当是像这样看待书与山水。

江含徵说：五更天睡在被窝里的时候，有无数的山水在眼前，有无数的书籍在胸中呈现。

尤悔庵说：是山，是水，是书啊，一而二，二而三，三者本质是一样的。

陆云士说：言辞巧妙，真是与文字结为业缘而又会写文章的人才能说出的话。

第一四八则

【原文】

园亭之妙，在邱壑布置[①]，不在雕绘琐屑[②]。往往见人家园亭，屋脊墙头，雕砖镂瓦，非不穷极工巧，然未久即坏，坏后极难修葺。是何如朴素之为佳乎？

【原评】

江含徵曰：世间最令人神怆者[③]，莫如名园雅墅，一经颓废[④]，风台月榭[⑤]，埋没荆棘。故昔之贤达，有不欲置别业者。予尝过琴虞，留题名园句有云："而今绮砌雕阑在，剩与园丁作业钱。"盖伤之也。

弟木山曰：予尝悟作园亭与作光棍二法：园亭之善在多回廊，光棍之恶在能结讼⑥。

【注释】

①邱壑布置：构思安排。邱壑，构思布局。宋黄庭坚《题子瞻枯木》："胸中元自有邱壑，故作老木蟠风霜。"

②雕绘琐屑：在那些细小的地方雕镂和彩绘图案。

③神怆：伤心。

④颓废：倾圮荒废。

⑤风台月榭：指敞露透风的台榭和赏月的台榭。

⑥光棍：地痞，无赖。

【译文】

园林亭阁的美妙之处，在于山石与沟渠的安排布局，不在于细微处的精雕细琢。我经常看到人家的园林亭榭，在屋脊墙头所用的砖瓦都雕刻精微，并不是没有极尽精工巧细，然而时间不长就损坏了，毁坏之后又非常难以修理。这样还不如不加雕饰

的好啊！

【原评译文】

江含徵说：世间最让人悲伤的事，莫过于有名的园林别墅，一旦倾颓荒废，过去当风赏月的台榭埋没在野草荆棘中。所以过去的贤达之人，有不愿意购置别墅的。我曾经经过琴川虞城，名园的题字里有一句：“而今绮砌雕阑在，剩与园丁作业钱。”为此感伤啊。

弟木山说：我曾经悟出了建造园林亭台与当光棍无赖的两个法门：园林亭台的最妙处在于众多曲折回转的长廊，光棍的最恶处在于用刁滑顽劣的手段与人了结诉讼。

第一四九则

【原文】

清宵独坐[①]，邀月言愁[②]；良夜孤眠，呼蛩语恨[③]。

【原评】

袁士旦曰：令我百端交集。

黄孔植曰[④]：此逆旅无聊之况，心斋亦知之乎？

【注释】

①清宵：清静的夜晚。

②邀月：这里化用李白《月下独酌》中的诗句：“举杯邀明月，对影成三人。”

③蛩（qióng）：蟋蟀。化用宋玉《九辩》中的句子：“独申旦而不寐兮，哀蟋蟀之宵征。”

④黄孔植：不详。

【译文】

清静的夜晚一个人独自长坐，邀请月亮听我诉说忧愁；美好的深夜一个人独自入眠，呼唤蟋蟀来诉说怨恨。

【原评译文】

袁士旦说：让我感慨万千。

黄孔植说：这是在旅途的客舍中无事可做的无聊境况，张先生也知道这种情景吗？

第一五〇则

【原文】

官声采于舆论[①]，豪右之口与寒乞之口俱不得其真[②]；花案定于成心[③]，艳媚之评与寝陋之评概恐失其实[④]。

【原评】

黄九烟曰：先师有言[⑤]："不如乡人之善者好之，其不善者恶之。"

李若金曰：豪右而不讲分上，寒乞而不望推恩者，亦未尝无公论。

倪永清曰：我谓众人唾骂者，其人必有可观。

【注释】

①官声：为官的声誉。舆论：公众的言论。

②豪右：豪门大族。汉以"右"为上，故称"豪右"。寒乞：极其贫困潦倒的人。

③花案：旧指评定妓女名次的名单。清代余怀的《板桥杂记·丽品》中记载："品藻花案，设立层台，以坐状元。"一些清代小说中有品评花案之事的描写。成心：成见，偏见。

④寝陋：容貌丑陋。寝：容貌丑陋。

⑤先师：指孔子。

【译文】

做官的名声来自于舆论，但从豪门贵族和贫寒乞丐的口中都不能得到真实客观的评论；花案决定于评判者的成见，过分的夸奖和浅陋的评价恐怕都会失去它的真实性。

【原评译文】

黄九烟说：先师孔子说过："应该是一乡之中的好人都喜欢他，那些不善良的人都厌恶他。"

李若金说：出身豪门贵族却不讲情面的人，身为贫寒乞丐却不指望得到好处的人，也未尝没有公正的言论。

倪永清说：我认为大家都唾弃辱骂的人，必定有其可欣赏的地方。

第一五一则

【原文】

胸藏邱壑，城市不异山林；兴寄烟霞，阎浮有如蓬岛[①]。

【注释】

①阎浮有如蓬岛：人世间也如同蓬莱仙境。阎浮，梵语音译"阎浮提"的省称，代指人世间。蓬岛，即蓬莱山。是古代传说中的神山名，亦常泛指仙境。

【译文】

胸中藏有山林丘壑，虽然身居城市与隐居山林没有什么不同；意兴寄托于烟霞云雾之中，虽然身居人世间也如同生活在蓬莱仙境。

第一五二则

【原文】

梧桐为植物中清品[1]，而形家独忌之[2]，甚且谓“梧桐大如斗，主人往外走”，若竟视为不祥之物也者。夫剪桐封弟[3]，其为宫中之桐可知；而卜世最久者[4]，莫过于周。俗言之不足据，类如此夫！

【原评】

江含徵曰：爱碧梧者，遂艰于白镪[5]，造物盖忌之，故靳之也[6]。有何吉凶休咎之可关[7]？只是打秋风时光棍样可厌耳[8]。

尤悔庵曰：“梧桐生矣，于彼朝阳[9]。”诗言之矣。

倪永清曰：心斋为梧桐雪千古之奇冤，百卉俱当九顿[10]。

【注释】

①清品：即上品。

②形家：即堪舆家，又称阴阳师、风水先生等，古代以相度地形吉凶，为人选择宅基、墓地为业的人。

③剪桐封弟：以剪梧桐叶游戏而分封兄弟。故事出自《吕氏春秋·重言》：“成王与唐叔虞燕居，援梧叶以为珪，而授唐叔虞曰：‘余以此封女。’叔虞喜，以告周公。周公以请曰：‘天子其封虞邪？’成王曰：’余一人与虞戏也。’周公对曰：‘臣闻之，天子无戏言。天子言则史书之，工诵之，士称之。’于是遂封叔虞于晋。”后世遂以“剪桐”为分封的典故。

④卜世：本指用占卜的方式预测国家传承政权的世数，亦泛指国运，此处指的是朝代实际传承的世数。西周、东周共传承七百多年。

⑤艰于白镪：形容经济窘迫。艰，欠缺，缺乏。白镪，指白银。

⑥靳：吝惜，不肯给予。

⑦吉凶休咎：祸福吉凶。

⑧打秋风：指假借各种名义向人索取财物。光棍样：无赖样子。

⑨梧桐生矣，于彼朝阳：梧桐树生长起来了，在那向阳的山坡上。出自《诗经·大雅·卷阿》："凤皇鸣矣，于彼高冈。梧桐生矣，于彼朝阳。"

⑩九顿：指九次叩头，此处指行重礼。

【译文】

梧桐是植物中高洁的品种，但是堪舆家却很忌讳它，甚至说梧桐叶像斗那样大，主人就要离家出走，竟把它看作不吉利的东西。历史上有周成王剪桐叶封给弟弟的故事，由此可知过去梧桐是种在宫中的：而用占卜预测传国世数，传承最长久的朝代，没有比得过周朝的。所以，俗话不足以作为根据，大概都像这样吧！

【原评译文】

江含徵说：喜欢梧桐树的人却又缺少白银，造物主大概是妒忌他，所以才这么吝惜，与祸福吉凶有什么关联呢？只是桐叶在秋风中瑟瑟发抖的无赖样子令人厌恶。

尤悔庵说："梧桐生矣，于彼朝阳。"《诗经》中是这样说的。

倪永清说：张先生替梧桐树洗清千百年来少有的冤屈，众多花卉植物都应当向他行九叩首的大礼啊。

第一五三则

【原文】

多情者不以生死易心，好饮者不以寒暑改量，喜读书者不以忙闲作辍①。

【原评】

朱其恭曰：此三言者，皆是心斋自为写照。

王司直曰：我愿饮酒、读《离骚》②，至死方辍，何如？

【注释】

①作辍：进行或停止。

②饮酒、读《离骚》：这两件是古代名士喜做之事，典出《世说新语·任诞》："王恭（孝伯）言名士不必须奇才，但使常得无事，痛饮酒，熟读《离骚》，便可称名士。"

【译文】

多情的人不因为生存或死去而改变心意，爱好喝酒的人不因为天气寒冷或炎热而改变酒量，喜欢读书的人不因为忙碌或是清闲而坚持或中断。

【原评译文】

朱其恭说：这三句话，都是张先生对自己的写照。

王司直说：我愿意一边喝酒、一边读《离骚》，一直到死才停下，怎么样？

第一五四则

【原文】

蛛为蝶之敌国①，驴为马之附庸②。

【原评】

周星远曰：妙论解颐，不数晋人危语隐语③。

黄交三曰：自开辟以来④，未闻有此奇论。

【注释】

①敌国：实力地位相当的国家，这里指势均力敌的事物，也可理解为敌对之国。

②附庸：原指春秋战国时代附属于诸侯国的小国，这里指附属之物。

③不数：不亚于。危语：使人害怕的话。隐语：指不直说本意而借别的词语来暗示的话，即现在的谜语。危语和隐语都是一种语言游戏。《世说新语·排调》："桓南郡与殷荆州语次，因共作了语。顾恺之曰：'……火烧平原无遗燎。'桓曰：'白布缠棺竖旒旐。'殷曰：'投鱼深渊放飞鸟。'次作危语。桓曰：'矛头淅米剑头炊。'殷曰：'百岁老翁攀枯技。'顾曰：'井上辘轳卧婴儿。'殷有一参军在坐，云：'盲人骑瞎马，夜半临深池。'殷曰：'咄咄逼人！'"

④开辟以来：即盘古开天辟地以来。

【译文】

蜘蛛是蝴蝶的敌人，驴子是马的附属。

【原评译文】

周星远说：奇妙的言论令人发笑，不亚于晋代人说的危语和谜语。

黄交三说：自从开天辟地以来，从来没有听到过这种奇异之论。

第一五五则

【原文】

立品须发乎宋人之道学[①]，涉世须参以晋代之风流[②]。

【原评】

方宝臣曰[③]：真道学未有不风流者。

张竹坡曰：夫子自道也。

胡静夫曰：予赠金陵前辈赵容庵句云："文章鼎立庄骚外，杖履风流晋宋间。"今当移赠山老。

倪永清曰：等闲地位，却是个双料圣人[④]。

陆云士曰：有不风流之道学，有风流之道学；有不道学之风流，有道学之风流，毫厘千里。

【注释】

①立品须发乎宋人之道学：培养品德需要取法宋代人的道学思想。立品，树立品性德行。宋人之道学，指宋代儒家周敦颐、张载、程颢、程颐、朱熹等的哲学思想，也称理学，以讲究心性义理、维护礼教纲常

为特点。

②涉世：接触社会，经历世事，与人交往。参：加入，加上。晋代之风流：魏晋时期玄学、清谈盛行，名士们多有不拘礼法的放诞表现，后世称为魏晋风流。

③方宝臣：方淇荩，原名兆玮，又名夏，字宝臣，安徽歙县人。有《岫园诗稿》。

④双料：双倍的物质材料或两种物质材料，多用于比喻。此处指两种行为既有儒家的端方，又有名士的放达。

【译文】

树立品德一定要取法宋朝人的理学思想，步入社会则一定要学习晋代人的飘逸旷达。

【原评译文】

方宝臣说：真正的道学家没有不潇洒旷达的。

张竹坡说：这是张先生在自己说自己。

胡静夫说：我曾经赠给金陵前辈赵容庵一句诗："文章鼎立庄骚外，杖履风流晋宋间。"现在应该拿来送给张先生。

倪永清说：寻常地位却是个具有两面特色的圣贤之人。

陆云士说：有不潇洒旷达的道学家，有潇洒旷达的道学家；有不严谨端正的名士，有严谨端正的名士，二者区别细微，却相差很远。

第一五六则

【原文】

古谓禽兽亦知人伦[1]。予谓匪独禽兽也，即草木亦复有之。牡丹为王[2]，芍药为相[3]，其君臣也；南山之乔，北山之梓[4]，其父子也。荆之闻分而枯，闻不分而活[5]，其兄弟也；莲之并蒂[6]，其夫妇也；兰之同心[7]，其朋友也。

【原评】

江含徵曰：纲常伦理[8]，今日几于扫地，合向花木鸟兽中求之。又曰：心斋不喜迂腐，此却有腐气。

【注释】

①人伦：封建社会中，人与人之间由礼教所规定的君臣、父子、夫妇、兄弟、朋友及各种等级尊卑关系。

②牡丹为王：牡丹为花王，是富贵吉祥的象征。宋代欧阳修的《洛阳牡丹记·花释名》中说："钱思公尝曰：'人谓牡丹花王，今姚黄真可为王，而魏花乃后也。'"

③芍药为相：芍药为花相。宋代杨万里写过《多稼亭前两槛芍药红白对开二百朵》诗："好为花王作花相，不应只遣侍甘泉。"原诗有注："论花者以牡丹王，芍药近侍。"

④南山之乔，北山之梓：南山上的乔木，北山上的梓树，喻指父子。出自汉代《尚书大传·梓材》："伯禽与康叔见周公，三见而三笞之。康叔有骇色，谓伯禽曰：'有商子者，贤人也。与子见之。'乃见商子而问焉。商子曰：'南山之阳有木焉，名乔。二三子往观之，见乔实高高然而上，反以告商子。商子曰：'乔者，父道也。南山之阴有木焉，名梓。'二三子复往观，见梓实晋晋然而俯，反以告商子。商子曰：'梓者，子道也。'二三子明日见周公，入门而趋，登堂而跪。周公迎拂其首，劳而食之，曰：'尔安见君子乎？'"以此来说明儒家的父子关系，后世即以乔梓来比喻父子。

⑤荆之闻分而枯，闻不分而活：紫荆听说要分家就枯死了，听说不分家就重新复活。故事出自南朝梁吴均《续齐谐记·紫荆树》："田真兄弟三人析产，堂前有紫荆树一株，议破为三，荆忽枯死。真谓诸弟：'树本同株，闻将分斫，所以憔悴，是人不如木也。'因悲不自胜，兄弟相感，不复分产，树亦复荣。"后世以紫荆喻指兄弟。

⑥莲之并蒂：两朵花共长在一个花蒂上，成为并蒂，如并蒂莲、并蒂兰等，并常常用来比喻夫妻恩爱。

⑦兰之同心：《周易·系辞上》："二人同心，其利断金。同心之言，其臭如兰。"后来就把情投意合的朋友称为金兰之交或兰交。

⑧纲常："三纲五常"的简称。封建时代以君为臣纲，父为子纲、夫为妻纲为三纲，仁、义、礼、智、信为五常。伦理：即人伦道德之理，指人与人相处的各种道德准则。

【译文】

古人说禽兽也懂得人伦关系。我认为不但是禽兽，即使是草木也有伦理纲常。牡丹是花王，芍药是花相，这是君臣关系；南山的乔木，北山的梓树，这是父子关系；紫荆听说要分家就枯死了，听说不分家就复活了，这是兄弟关系；莲花并蒂依偎相伴，这是夫妇关系；兰花同根而生，这是朋友关系。

【原评译文】

江含徵说：三纲五常、伦理道德，现在几乎都被破坏无遗，只能向花木禽鸟兽类中探求。又说：张先生不喜欢迂腐的言论，这一则却有迂腐之气。

第一五七则

【原文】

豪杰易于圣贤[①]，文人多于才子。

【原评】

张竹坡曰：豪杰不能为圣贤，圣贤未有不豪杰。文人才子亦然。

【注释】

①豪杰：才智出众的人，《吕氏春秋·功名》中说："人主贤而豪杰归之。"注解说："才过百人曰豪，千人曰杰。"

【译文】

做豪杰比当圣人和贤人容易，世间文人的数量多于才子。

【原评译文】

张竹坡说：豪杰不能成为圣人和贤人，但圣人和贤人却没有不是豪杰之士的。文人和才子之间也是这样的。

第一五八则

【原文】

牛与马，一仕而一隐也[①]；鹿与豕[②]，一仙而一凡也。

【原评】

杜茶村曰：田单之火牛[3]，亦曾效力疆场；至马之隐者，则绝无之矣。若武王归马于华山之阳，所谓勒令致仕者也[4]。

张竹坡曰："莫与儿孙作马牛[5]"，盖为后人审出处语也[6]。

【注释】

①仕：做官。隐：隐居。

②豕（shǐ）：猪，野猪。

③田单之火牛：田单，为战国时齐国将领。据《史记·田单列传》记载，他曾经用火牛阵大破燕军。武王归马于华山之阳：据《尚书·武成》，武王克商后，"乃偃武修文，归马于华山之阳，放牛于桃林之野，示天下弗服"。

④致仕：亦作"致事"。旧时指辞官退休。

⑤莫与儿孙作马牛：比喻父母不必为儿女操心太多。出自元代无名氏《渔樵记》："月过十五光明少，人到中年万事休。儿孙自有儿孙福，莫与儿孙作马牛。"

⑥出处：出仕和隐退。语本《周易·系辞上》："君子之道，或出或处，或默或语。"

【译文】

牛和马，一个出仕做官，一个隐居山林；鹿与猪，一个是仙家，一个是俗物。

【原评译文】

杜茶村说：田单驱赶着点燃苇把的牛也曾经在战场上效劳；而对于马中的隐士，就绝对不会经历这种事情。像周武王将马放归于华山之南，就是所谓的勒令辞官了。

张竹坡说：谚语说：不要替儿女做马牛。大概是替后人考虑了出仕和隐退的言语。

第一五九则

【原文】

古今至文，皆血泪所致。

【原评】

吴晴岩曰[①]：山老《清泪痕》一书[②]，细看皆是血泪。

江含徵曰：古今恶文，亦纯是血。

【注释】

①吴晴岩：即吴肃公。

②《清泪痕》：张潮所作组诗五十首。

【译文】

从古代到现在的名篇佳作，都是作者用血泪写成的。

【原评译文】

吴晴岩说：张先生的《清泪痕》组诗，细看来都是作者的血泪。

江含徵说：从古代到现在的坏文章，也都是血写成的。

第一六〇则

【原文】

“情”之一字，所以维持世界；“才”之一字，所以粉饰乾坤[①]。

【原评】

吴雨若曰[②]：世界原从情字生出。有夫妇，然后有父子；有父子，然后有兄弟；有兄弟，然后有朋友；有朋友，然后有君臣。

释中洲曰：情与才缺一不可。

【注释】

①粉饰：打扮，装饰。此处指的是才气将世间装饰得更好。

②吴雨若：即吴肃公。

【译文】

“情”这个字，是用来维持世界运转的；“才”这个字，是用来将世间装饰得更美好的。

【原评译文】

吴雨若说：世界原本就是从情字产生出来的。有情才能有夫妻，有了夫妻才能有父子；有了父子，之后才能有兄弟；有了兄弟，之后才能有朋友；有了朋友，然后才能有帝王和臣子。

释中洲曰：情与才缺了哪一个都不行。

第一六一则

【原文】

孔子生于东鲁①，东者生方，故礼乐文章②，其道皆自无而有；释迦生于西方③，西者死地，故受想行识④，其教皆自有而无⑤。

【原评】

吴街南曰：佛游东土，佛入生方；人望西天⑥，岂知是寻死地？呜呼！西方之人兮，之死靡他⑦。

殷日戒曰：孔子只勉人生时用功，佛氏只教人死时作主，各自一意。

倪永清曰：盘古生于天心，故其人在不有不无之间。

【注释】

①东鲁：原指春秋鲁国，后以此指鲁地，大致在今山东省。

②礼乐文章：指古代儒家关于礼乐等方面的制度。文章，礼乐制度。《礼记·大传》："考文章，改正朔。"郑玄注："文章，礼法也。"孙希旦集解："文章，谓礼乐制度。"

③释迦：佛教创始人释迦牟尼（约前563—前483年），姓乔答摩，名悉达多，他生于北印度的迦毗罗王国（今尼泊尔南部），是净饭王的太子。成佛后，被世人尊称为"释迦牟尼"，意为释迦族的圣人，"释迦"是他所属的部族释迦族的名称。"佛陀"也是后人对他的尊称，意思是大彻大悟的人。

④受想行识：受（情欲）、想（意念）、行（行为）、识（心灵）是佛教所说的五蕴，又称五阴、五众，指人对外界的各种认识。佛陀认为宇宙间一切事物和现象，都不是孤立的存在，而是由多种因素条件集合而成的，五蕴即是构成我们存在以及我们赖以生存环境的五类因素。

⑤教：教义，教理。自有而无：从有到万物皆无，这是因为佛教思想主张万法皆空、世事无常，认为一切都将归于劫灭，要求修学者屏绝对世间的认知，无欲无求。

⑥西天：指西方极乐世界。

⑦之死靡他：至死不变，形容爱情专一、忠贞不贰。语出《诗经·鄘风·柏舟》：“之死矢靡它，母也天只，不谅人只。”此处化用，有戏谑之意。

【译文】

孔子出生在东边的鲁国，东方是赋予生命的地方，所以儒家讲礼乐文章，它们的道统都是从没有到有；释迦牟尼出生在西方，西方是死亡之地，所以佛家说受想行识，它们的教义都从存在到非存在。

【原评译文】

吴街南说：佛法传入东土，是佛进入生命之方；凡人向往西天极乐世界，哪知道是自寻死路？呜呼！西方之人啊，我心至死不变。

殷日戒说：孔子只是勉励人们在生的时候要用功，佛教只教人们为死后做主，主张不同，各有一个意思。

倪永清说：盘古出生于天的中心，所以他这个人在存在与非存在之间。

第一六二则

【原文】

有青山方有绿水，水惟借色于山；有美酒便有佳诗，诗亦乞灵于酒①。

【原评】

李圣许曰：有青山绿水，乃可酌美酒而咏佳诗，是诗酒又发端于山水也。

【注释】

①乞灵：本意指求助于神灵或某种权威，这里比喻饮酒寻求灵感。

【译文】

有青山才有绿水，水必须从青山那里借来颜色；有美酒就能有好诗，诗也须从酒那里寻求灵感。

【原评译文】

李圣许说：有了青山绿水，才能饮美酒写好诗，所以诗和酒又源自青山绿水。

第一六三则

【原文】

严君平①，以卜讲学者也；孙思邈②，以医讲学者也；诸葛武侯③，以出师讲学者也。

【原评】

殷日戒曰：心斋殆又以《幽梦影》讲学者耶？

戴田友曰④：如此讲学，才可称道学先生。

【注释】

①严君平：西汉蜀郡人，名遵，其事迹见于《汉书·王贡两龚鲍传》。他博览群书，著书十余万言，活了九十多岁，没有做官，至死都以卜筮为业。他通过卜筮宣扬忠君、孝悌等思想，蜀人对他很爱敬。《汉书》称他是“近古之逸民”。著有《道德真经指归》(《隋书·经籍志》作《老子指归》)，现仅存七卷。

②孙思邈（约581—682年）：唐京兆华原（今陕西耀县）人，享年一百零一岁。也有人认为他大约生活在542年至682年间，终年一百四十岁左右。他少因病学医，并博涉经史百家学术，善言老庄，兼通佛典。隋文帝尝以国子博士召，不拜。唐太宗时召诣京师，年已老，欲官之，不受。高宗显庆中复召见，拜谏议大夫，上元元年（674）称疾还山。采药治病，贫富贵贱，一视同仁，后世称为“药王”。著有《千金要方》《千金翼方》等。

③诸葛武侯：诸葛亮（181—234年），字孔明，东汉末避乱隆中，躬耕读书，自比于管仲、乐毅，时有“卧龙”之称。汉献帝建安十二年（207），刘备屯新野，三顾茅庐，亮陈据有荆益、西和诸戎、南抚夷越、结好孙权、共抗曹操之策，出而为刘备主要谋士。次年，曹操南争荆州，出使东吴，孙刘联合抗曹，获赤壁之胜，刘备据有荆州。建安十九年（214），入蜀增援刘备，定成都，任军师将军，镇守成都。备称帝，任丞相，录尚书事。张飞死后，领司隶校尉。章武三年（223），受遗诏辅佐刘禅，封武乡侯，领益州牧。政事无巨细，咸决于亮。东和孙权，南平诸郡，北争中原，多次出兵攻魏。与魏将司马懿对峙于渭南，病卒于五丈原军中。谥忠武。

④戴田友：疑为“戴田有”，即戴名世（1653—1713年）。清代安徽桐城人，字田有，一字褐夫，号南山，又号忧庵，人称南山先生，又称潜虚先生，文学家，“桐城派”奠基人。康熙四十八年（1709）中进士，授翰林院编修。

自少时即留心明史，遍访遗书，网罗古老传闻，得方孝标《滇黔纪闻》，采其内容入己作。五十年（1711）左都御史赵申乔劾奏所撰《南山集》用永历年号，遂得罪下狱，被杀，家属充发黑龙江。后人编有《戴南山先生全集》。

【译文】

西汉隐士严君平是靠卜筮来阐述自己理论的人，孙思邈是靠行医来阐述自己理论的人，诸葛亮是靠用兵来宣扬自己主张的人。

【原评译文】

殷日戒说：张先生大概是以《幽梦影》来阐述自己主张的人吧？

戴田友说：像这样阐述学问，才可以称为道学先生。

第一六四则

【原文】

人则女美于男，禽则雄华于雌①，兽则牝牡无分者也②。

【原评】

杜于皇曰③：人亦有男美于女者，此尚非确论。

徐松之曰④：此是茶村兴到之言⑤，亦非定论。

【注释】

①华：这里指羽毛漂亮、华美。

②牝（pìn）：指雌性的兽。牡：指雄性的兽。汉毛亨《诗传》："飞曰雌雄，走曰牝牡。"

③杜于皇：即杜濬。

④徐松之：徐崧，清江苏吴江人，字松之，号臞庵。有诗名，好游佳山水，曾缀集吴地古迹，与友张大纯撰《百城烟水》，体例仿宋祝穆《方舆胜

览》，网罗甚广，熔方志、游记、诗集于一炉，体例新颖，文采亦佳。

⑤茶村：指杜于皇，茶村是他的号。兴到之言：一时兴起的言语。

【译文】

人类是女的比男的漂亮，鸟类则是雄的比雌的华美，兽类则雌雄的美、丑没有差别。

【原评译文】

杜于皇说：人类也有男人比女人更漂亮的，这一点还不是确切的言论。

徐松之说：这些是茶村一时兴致的话，也并不是确切论断。

第一六五则

【原文】

镜不幸而遇嫫母[①]，砚不幸而遇俗子，剑不幸而遇庸将，皆无可奈何之事。

【原评】

杨圣藻曰：凡不幸者，皆可以此概之。

闵宾连曰：心斋案头无一佳砚，然诗文绝无一点尘俗气，此又砚之大幸也。

曹冲谷曰[②]：最无可奈何者，佳人定随痴汉[③]。

【注释】

①嫫（mó）母：古代传说中的丑女，据说是黄帝的第四个妃子，貌丑而

有德才。这里泛指丑陋的女性。

②曹冲谷：曹钤，字冲谷，丰润（今属河北）人。官理藩院知事。有《雪窗诗集》。

③痴汉：指拙钝不灵的男子。《北史·齐显祖文宣帝本纪》："帝大笑曰：'天下有如此痴汉！方知龙逄、比干，非是俊物。'"

【译文】

镜子不幸遇上丑陋的妇女，砚台不幸遇上没有学问的庸人，宝剑不幸遇上没有作为的将领，这都是没有办法的事情。

【原评译文】

杨圣藻说：凡是不幸的人都可以用这种方法概括。

闵宾连说：张先生的书桌上没有一方好砚台，但是写出的诗文没有一丝尘世庸俗之气，这又是砚台的一大幸运之事了。

曹冲谷说：最令人无可奈何的事是，漂亮的女人注定要嫁给愚痴的男子。

第一六六则

【原文】

天下无书则已，有则必当读；无酒则已，有则必当饮；无名山则已，有则必当游；无花月则已，有则必当赏玩；无才子佳人则已，有则必当爱慕怜惜。

【原评】

弟木山曰：谈何容易，即吾家黄山①，几能得一到耶？

【注释】

①吾家黄山：我家黄山。张潮和弟弟生于黄山南麓的歙县，可以说他的

家就在黄山附近，所以其弟自称如此。

【译文】

天底下没有书便罢了，有书的话就一定要读；天下没有酒便罢了，有酒的话就一定要喝；天下没有名山大川便罢了，有的话便一定要游览；天下没有娇花明月便罢了，有的话便一定要观赏品味；天下没有才子佳人便罢了，有的话便一定要爱慕怜惜。

【原评译文】

弟木山说：哪有说得那么简单，就连咱们家乡的黄山又什么时候能到那里游玩呢？

第一六七则

【原文】

秋虫春鸟，尚能调声弄舌，时吐好音①；我辈搦管拈毫②，岂可甘作鸦鸣牛喘③？

【原评】

吴菌次曰：牛若不喘，宰相安肯问之④？

张竹坡曰：宰相不问科律而问牛喘，真是文章司命⑤。

倪永清曰：世皆以鸦鸣牛喘为凤歌鸾唱⑥，奈何！

【注释】

①好音：动听的声音，语出《诗经·鲁颂·泮水》："翩彼飞鸮，集于泮林。食我桑椹，怀我好音。"

②搦（nuò）管拈毫：指拿起笔来写文章。搦、拈，都有握执之意。管、毫，都代指笔。

③鸦鸣牛喘：鸦声聒噪刺耳，牛因热气喘的声音充满痛苦，两者都是极为难听的声音，此处比喻写出的文章拙劣不堪。

④宰相安肯问之：宰相哪里会过问。故事出自《汉书·丙吉传》：“吉又尝出，逢清道群斗者，死伤横道，吉过之不问，掾史独怪之。吉前行，逢人逐牛，牛喘吐舌，吉止驻，使骑吏问：‘逐牛行几里矣？’掾史独谓丞相前后失问，或以讥吉，吉曰：‘民斗相杀伤，长安令、京兆尹职所当禁备逐捕，岁竟丞相课其殿最，奏行赏罚而已。宰相不亲小事，非所当于道路问也。方春少阳用事，未可大热，恐牛近行，用暑故喘，此时气失节，恐有所伤害也。三公典调和阴阳，职当忧，是以问之。’掾史乃服，以吉知大体。”

⑤司命：本指掌管生命的神，此处借指掌握别人命运的人。

⑥凤歌鸾唱：凤鸾的鸣叫，优美且难得一闻。

【译文】

秋天的昆虫和春天的鸟儿，尚且能够调整自己的口舌，不时地发出动听的声音；我们这些舞文弄墨的人，怎么可以甘心像乌鸦叫和牛喘息那样，写出粗劣不堪的文章呢？

【原评译文】

吴菌次说：牛假如不喘息，宰相丙吉又怎么会问发生了什么呢？

张竹坡说：宰相不问犯科律的事而问牛为什么喘息，真是一个只会做文章的小神。

倪永清说：世上的人都把乌鸦啼叫和牛喘声当做难得一闻的凤鸾鸣叫声，有什么办法呢！

第一六八则

【原文】

媸颜陋质[①]，不与镜为仇者，亦以镜为无知之死物耳。使镜而有知，必遭扑破矣[②]。

【原评】

江含徵曰：镜而有知，遇若辈早已回避矣[③]。

张竹坡曰：镜而有知，必当化媸为妍。

【注释】

①媸（chī）颜陋质：容貌丑陋、姿色平庸的人。媸，丑陋，与“妍”相对。

②扑：打，击。

③若辈：这些人。

【译文】

那些容颜姿质丑陋的人，不跟镜子结仇，是因为把镜子当作没有生命的东西。假如镜子像人有知觉，一定就会被摔破了。

【原评译文】

江含徵说：镜子要是有知觉，遇见这些面貌丑陋的人早就设法躲避了。

张竹坡说：镜子要是有知觉，一定要把丑陋的女子变为貌美的女子。

第一六九则

【原文】

吾家公艺[1]，恃百忍以同居，千古传为美谈。殊不知忍而至于百，则其家庭乖戾睽隔之处[2]，正未易更仆数也[3]。

【原评】

江含徵曰：然除了一忍，更无别法。

顾天石曰：心斋此论，先得我心。忍以治家，可耳，奈何进之高宗[4]，使忍以养成武氏之祸哉[5]？

倪永清曰：若用忍字，则百犹嫌少，否则以剑字处之足矣。或曰："出家"二字足以处之。

王安节曰：惟其乖戾睽隔，是以要忍。

【注释】

①吾家公艺：指唐代张公艺。因为彼此同姓，所以张潮称他为"吾家公艺"。张公艺，郓州寿张人，他们家九代同居，没有分家。北齐及隋开皇年间，北齐东安王高永乐及隋文帝时邵阳公梁子恭都曾亲往慰抚。唐太宗贞观年间也特别派人加以旌表。麟德年间，唐高宗封泰山回朝时，亲自到张公艺家中，询问其如何做到九世同居，张公艺取来纸笔，写了一百多个"忍"字，呈送给高宗，这就是后人所说的《百忍图》。高宗颇为感动，并赐予他缣帛。

②乖戾（lì）睽（kuí）隔：有矛盾，不和谐。乖戾，抵触，不一致。睽隔，有隔阂，不和睦。

③未易更仆数：原意是事情很多，一下子说不完，一件一件说就需要很

长时间，即使中间换了人也未必能说完。后形容人或事物繁多，难以计数。

④高宗：指唐高宗李治。

⑤武氏之祸：指武则天篡夺唐代皇权，建立周朝。

【译文】

我的同姓张公艺依靠着上百个忍字而九代同居一处，成为千百年来被人称道的好事。世人却不知光忍耐就能达上百个，那他家庭里隔阂不睦的地方，必定多得说也说不完。

【原评译文】

江含徵说：然而除了一个忍字外，再也没有别的办法了。

顾天石说：张先生这番议论，首先得到我心中的赞许。用忍来管理家庭是可以的，奈何他将这个办法进献给高宗，用忍字来治理国家，结果使高宗忍到养成了武则天夺取李氏政权的祸患？

倪永清说：若是靠忍字，那么上百个也嫌不够，不然用剑字来对待就够了。有人说"出家"二字足以应对了。

王安节说：正因家中隔阂不睦，所以才要忍耐。

第一七〇则

【原文】

九世同居，诚为盛事，然止当与割股、庐墓者作一例看[①]。可以为难矣，不可以为法也[②]，以其非中庸之道也。

【原评】

洪去芜曰：古人原有父子异宫之说[③]。

沈契掌曰：必居天下之广居而后可[④]。

【注释】

①割股：割下自己腿上的肉给生病的父母吃，据说有奇特疗效，这是封建时代的一种迷信、愚昧的做法，但旧时古人认为是大忠大孝的表现。庐墓：古礼，古人于父母或师长死后，服丧期间在墓旁搭盖小屋居住，守护坟墓，谓之庐墓。这在古代也被认为是孝的表现。

②为难：看作很难的事情。法：标准，楷模。

③父子异宫：父子不住在同一宫室。北齐颜之推《颜氏家训》云："父子之严，不可以狎；骨肉之爱，不可以简。简则慈孝不接，狎则怠慢生焉。由命士以上，父子异宫，此不狎之道也；抑搔痒痛，悬衾箧枕，此不简之教也。"大意是古代规定，有官职的人家父子应该分开居住，以使父子之间不狎近、不随意；儿子要关心父母的病痛，为其收拾卧具，以使骨肉之间不至于简慢疏忽。

④广居：宽大的住所，儒家用来比喻仁。《孟子·滕文公下》："居天下之广居，立天下之正位，行天下之大道。"

【译文】

九代人同居的确是一件难能可贵的事，然而只应当把它与割肉给父母吃了治病、父母葬后守墓三年的行为一样看待。可以将此看做难能可贵的事，不应该把它当做行为标准，因为它不符合中庸的最高道德标准。

【原评译文】

洪去芜说：古代的人原本就有父亲和儿子不住在同一宫室的说法。

沈契掌说：一定要有天下最宽敞的住所之后才可以九世同居。

第一七一则

【原文】

作文之法：意之曲折者[①]，宜写之以显浅之词；理之显浅者，宜运之以曲折之笔[②]；题之熟者，参之以新奇之想；题之庸者，深之以关系之论[③]。至于窘者舒之使长[④]，缛者删之使简[⑤]，俚者文之使雅，闹者摄之使静，皆所谓裁制也。

【原评】

陈康畤曰：深得作文三昧语。

张竹坡曰：所谓节制之师。

王丹麓曰：文家秘旨，和盘托出，有功作者不浅。

【注释】

①曲折：指主题或立意比较复杂。

②曲折之笔：指运用婉转迂回的写法。

③深：这里作动词用，指深入挖掘。关系之论：题目所蕴含的深层意思或引申之义。

④窘：窘迫短促。

⑤缛：繁琐重复。

【译文】

写文章的方法：立意比较隐晦曲折的，应该用浅显易懂的语言来表达；

道理简单明了的，应该运用曲折跌宕的笔法来论述；题目为大家所熟知的，就加上一些新鲜奇特的构想；题目比较平庸的，深入挖掘其中蕴含的深层含义。至于窘迫短促的地方应该用舒缓笔调使它变长，繁琐重复的地方应该删减多余的章节词语使它变得简洁，鄙俗粗浅的要修饰文字使它变得有趣味不俗气，文辞浮躁的要抑制以使它平和，这里所说的，都是文章的规划安排。

【原评译文】

陈康畴说：这是深得写文章诀窍的话。

张竹坡说：这就类似人们所说的军纪严整的队伍。

王丹麓说：把写文章的秘旨毫无保留地说出，对写作者的益处不小。

第一七二则

【原文】

笋为蔬中尤物[①]，荔枝为果中尤物，蟹为水族中尤物[②]，酒为饮食中尤物，月为天文中尤物，西湖为山水中尤物，词曲为文字中尤物。

【原评】

张南村曰[③]：《幽梦影》可为书中尤物。

陈鹤山曰：此一则又为《幽梦影》中尤物。

【注释】

①尤物：珍贵的物品，美好珍贵、惹人怜爱的东西。

②水族：统称生活在水里的动物。

③张南村：张惣（1619—1694年），字南村，一字僧持，号蘼芜庵。明末清初江宁（今江苏南京）人，诸生，善诗画，好游山水。有《蘼芜庵集》《南村集》。《虞初新志》卷八收录其笔记小说《万夫雄打虎传》。

【译文】

竹笋是蔬菜中的珍品，荔枝是水果中的珍品，螃蟹是水族中的珍品，酒是饮品食物中的珍品，月亮是天文中的珍品，西湖是山水中的珍品，词曲是文学作品中的珍品。

【原评译文】

张南村说：《幽梦影》可算是书中的美好之物。

陈鹤山说：这一则又是《幽梦影》中的美好之物。

第一七三则

【原文】

买得一本好花[①]，犹且爱护而怜惜之，矧其为解语花乎[②]？

【原评】

周星远曰：性至之语，自是君身有仙骨，世人那得知其故耶！

石天外曰：此一副心，令我念佛数声。

李若金曰：花能解语，而落于粗恶武夫，或遭狮吼戕贼[③]，虽欲爱护，何可得！

王司直曰：此言是恻隐之心[④]，即是是非之心。

【注释】

①一本：原意是指植物的根、干，这里用作植物的计量单位，一本就是一株、一棵。

②矧（shěn）：何况。

③戕（qiāng）贼：摧残，伤害。

④恻隐之心：形容对人寄予同情。恻隐，对别人的不幸表示同情。《孟

子·告子上》："恻隐之心，人皆有之。"

【译文】

买到一株好花，尚且要爱护并怜惜它，何况面对的是善解人意的美人呢？

【原评译文】

周星远说：能说出这一番极有性情的话，是因为张先生身上具有仙骨，普通人哪里能够明白其中的缘故呢！

石天外说：这一副菩萨心肠，令我感动至念几声佛，祈求保佑。

李若金说：貌美如花又善解人意，却落入粗俗凶恶的武夫之手，或者是遭到凶悍妒妇的摧残，即便想要爱护怜惜，又如何能做到！

王司直说：这番话是发了同情之心，也是招惹是非之心。

第一七四则

【原文】

观手中便面[1]，足以知其人之雅俗，足以识其人之交游。

【原评】

李圣许曰：今人以笔资丐名人书画[2]，名人何尝与之交游？吾知其手中便面虽雅，而其人则俗甚也。心斋此条，犹非定论。

毕嵎谷曰[3]：人苟肯以笔资丐名人书画，则其人犹有雅道存焉。世固有并不爱此道者。

钱目天曰：二语皆然。

【注释】

①便面：本来指用以遮住脸面的扇状物，后来把团扇、折扇等也统称为便面，也叫屏面、扇面。

②丐：乞求，请求。

③毕嵎（yú）谷：毕熙旸，字嵎谷，安徽歙县人，著有《佛解六篇》等。

【译文】

看一个人手中拿的扇面，就可以知道这个人是高雅还是庸俗，就可以推知这个人与什么样的人交往。

【原评译文】

李圣许说：现在的人用钱求购名人的书画，名人什么时候与他相交往过？我知道他手里拿的扇面非常雅致、不俗气，但是他这个人却非常庸俗。张先生说的这一条，仍然不能作为定论。

毕嵎谷说：既然有人肯用钱请求名人的书法或者画作，那么这个人仍然还有一分高雅的兴趣存在。世上确实有并不喜欢这种高雅兴趣的人。

钱目天说：这两种说法都对。

第一七五则

【原文】

水为至污之所会归，火为至污之所不到。若变不洁为至洁，则水火皆然。

【原评】

江含徵曰：世间之物，宜投诸水火者不少，盖喜其变也。

【译文】

水是最污秽的东西汇聚的地方，火是最污秽的东西不能到达的地方。如果把不干净的东西变为最洁净的，那么水与火都可以做到。

【原评译文】

江含徵说：世上的物品，应该扔到水中火里的有不少，只因为喜见它们的变化啊。

第一七六则

【原文】

貌有丑而可观者，有虽不丑而不足观者；文有不通而可爱者，有虽通而极可厌者。此未易与浅人道也[①]。

【原评】

陈康畤曰：相马于牝牡骊黄之外者[②]，得之矣。

李若金曰：究竟可观者必有奇怪处，可爱者必无大不通。

梅雪坪曰[③]：虽通而可厌，便可谓之不通。

【注释】

①浅人：肤浅、没有见识的人。

②相马于牝牡骊黄之外：挑选好马不必拘于毛色性别，意思是考察事物应抓住本质。骊，黑色。故事出自《列子·说符》，古代善相马的伯乐年老，推荐九方皋为秦穆公访求骏马。三月后于沙丘求得之。穆公问为何马，回答说是“牝而黄”；穆公派人去看，却是“牡而骊”。于是责备伯乐。伯乐向他解释说：“若皋之所

观，天机也。得其精而忘其粗，在其内而忘其外；见其所见，不见其所不见；视其所视，而遗其所不视。若皋之相马，乃有贵乎马者也。”意思是说九方皋所注意的是马的风骨品性，那些外表他已不去留心，这正是他善于相马的证明。后来发现，九方皋相中的果然是天下稀有的良马。

③梅雪坪：梅庚（1640—约 1722 年），字耦长，又字耦耕、子长，号雪坪，晚号听山翁，别名阿庚、慕园等，梅鼎柞孙，清安徽宣城人，康熙二十一年（1682）举人，官浙江泰顺知县。善八分书，尤长于诗画，性狷介，客游京师时，不妄投一刺。有《天逸阁集》《吴市吟》等。

【译文】

有些人容貌长得虽然丑陋但耐看，有些人虽然不丑却不值得看；有的文章虽然不通顺但令人喜爱，有的虽然通顺却令人厌恶。这些话很难和浅薄的人说。

【原评译文】

陈康畤说：相马能看到公母黑黄之外的本质，这才是真会相马。

李若金说：推究起来值得欣赏的人必然有奇特怪异的地方，令人喜爱的文章必定没有特别不通顺的地方。

梅雪坪说：文章虽然通顺但是令人厌恶，便可以称之为不通畅。

第一七七则

【原文】

游玩山水亦复有缘，苟机缘未至，则虽近在数十里之内，亦无暇到也。

【原评】

张南村曰：予晤心斋时，询其曾游黄山否，心斋对以未游，当是机缘未至耳。

陆云士曰：余慕心斋者十年，今戊寅之冬始得一面[1]，身到黄山恨其晚，而正未晚也。

【注释】

①戊寅：指康熙三十七年（1698）。

【译文】

游览玩赏山水也要讲究缘分，如果机会缘分没有来到，那么即使山水近在几十里之内，也没有闲暇去游览。

【原评译文】

张南村说：我见到张先生的时候，问他曾经游玩过黄山没有，张先生回答说没游玩过，应当是缘分还没到吧。

陆云士说：我仰慕张先生十年，到如今的戊寅年（1698）冬天才得见一面，身至黄山时遗憾来得晚，其实并不晚。

第一七八则

【原文】

“贫而无谄，富而无骄”[1]，古人之所贤也。贫而无骄，富而无谄，今人之所少也。足以知世风之降矣。

【原评】

许来庵曰[2]：战国时已有贫贱骄人之说矣[3]。

张竹坡曰：有一人一时，而对此谄对彼骄者，更难。

【注释】

①贫而无谄，富而无骄：贫困而不谄媚，富贵而不骄横。语出《论语·

学而》："子贡曰：'贫而无谄，富而无骄，何如？'子曰：'可也。未若贫而乐，富而好礼者也。'"

②许来庵：即徐承家。

③贫贱骄人：身处贫贱但很自豪，指贫贱的人蔑视权贵。语出《史记·魏世家》："富贵者骄人乎？且贫贱者骄人乎？"

【译文】

"贫穷而不谄媚，富贵而不骄横"，这是古人所崇尚的品行。贫穷卑微而不骄横，富贵而不巴结奉承，这是现在的人所缺少的品行。由此足以知晓社会风气的下降啊。

【原评译文】

许来庵说：战国时期就已经有贫贱者骄横凌人的说法了。

张竹坡说：有时一个人一会儿对这个人巴结奉承，一会儿对另一个人骄横，就更加困难了。

第一七九则

【原文】

昔人欲以十年读书、十年游山、十年检藏[①]。予谓检藏尽可不必十年，只二三载足矣。若读书与游山，虽或相倍蓰[②]，恐亦不足以偿所愿也。必也如黄九烟前辈之所云，"人生必三百岁而后可"乎？

【原评】

江含徵曰：昔贤原谓尽则安能，但身到处莫放过耳。

孙松坪曰：吾乡李长蘅先生[③]，爱湖上诸山，有"每个峰头住一年"之句[④]，然则黄九烟先生所云犹恨其少。

张竹坡曰：今日想来，彭祖反不如马迁⑤。

【注释】

①检藏：检点藏书。

②或相倍蓰（xǐ）：语出《孟子·滕文公上》："夫物之不齐，物之情也。或相倍蓰，或相什百，或相千万。"本指事物之间有时相差好几倍，此处指相差几倍的时间。倍蓰，指数倍。倍，一倍。蓰，五倍。

③吾乡李长蘅先生：因李长蘅也是安徽歙县人，与张潮是同乡，所以此处称"吾乡李长蘅先生"。李长蘅，李流芳（1575—1629年），字茂宰，又字长蘅，号檀园，又号香海、泡庵，晚称慎娱居士，本安徽歙县人，侨居嘉定（今属上海）。与唐时升、娄坚、程嘉燧称"嘉定四君子"。与钱谦益友善，常往来常熟。万历三十四年（1606）举人，天启间宦官专权，遂绝意仕进。性孝友，能急友人之难，人品、文品俱高。工诗，擅书法，又能刻印。精绘事，擅山水，为"画中九友"之一。著有《檀园集》。

④每个峰头住一年：诗句出自明代诗人钟禧的《和友人招游西湖》："万顷西湖水贴天，芙蓉杨柳乱秋烟。湖边为问山多少？每个峰头住一年。"表达了诗人对西湖山水的热爱之情。

⑤彭祖：传说中的人物，因封于彭，故称彭祖。传说他善养生，善导引之术，活到八百高龄。事见汉代刘向的《列仙传·彭祖》。马迁：指司马迁。

【译文】

过去的人想要用十年的时间读书，用十年的时间游览山川，用十年的时间检点收藏书籍。我认为检藏完全可以不用花十年，只要两三年就足够了。像读书和游览山水，即使花上几倍的时间做，恐怕也不能够使自己的愿望得到满足。必须得像黄九烟前辈说的那样人生一世必须要活上三百岁才可以啊。

【原评译文】

江含徵说：过去的贤人原本认为游玩穷尽怎么可能，只是自身去到的地方不要放过罢了。

孙松坪说：我家乡的李长蘅先生喜爱西湖上的各座山，有“每个峰头住一年”的诗句，然而像黄九烟先生所说的人生要活三百岁，看来还是嫌少啊。

张竹坡说：现在想来，长寿的彭祖反倒比不上游历广的司马迁。

第一八〇则

【原文】

宁为小人之所骂，毋为君子之所鄙；宁为盲主司之所摈弃①，毋为诸名宿之所不知②。

【原评】

陈康畴曰：世之人自今以后，慎毋骂心斋也。

江含徵曰：不独骂也，即打亦无妨，但恐鸡肋不足以安尊拳耳③。

张竹坡曰：后二句足少平吾恨。

李若金曰：不为小人所骂，便是乡愿④；若为君子所鄙，断非佳士。

【注释】

①盲主司：不能选拔真正人才的主考官。主司，古代科举考试的主考官。摈弃：排斥，抛弃，这里指不被录取。

②名宿：素有名望的人。

③但恐鸡肋不足以安尊拳耳：只怕我这如鸡肋般瘦弱的身体，没有地方

可以安放您的拳头。鸡肋，鸡的肋骨。比喻瘦弱的身体。此句是化用了刘伶的典故。《晋书·刘伶传》中载："尝醉与俗人相忤，其人攘袂奋拳而往。伶徐曰：'鸡肋不足以安尊拳。'其人笑而止。"

④乡愿：貌似谨厚，没有是非观念、谁也不得罪的所谓"好人"，实际上是与世俗同流合污，谁也不得罪的伪善者。语出《论语·阳货》："子曰：'乡愿，德之贼也。'"

【译文】

宁愿被小人所辱骂，不能被品格高尚的人所看不起；宁愿被不识英才的主考官所摒弃，不能让那些素有名望的学者所不知道。

【原评译文】

陈康畴说：世上的人从今天往后，千万不要骂张先生了。

江含徵说：不仅只是辱骂，就算被小人打也不妨碍，只恐怕张先生这如鸡肋般瘦弱的身体，没有地方可以安放拳头罢了。

张竹坡说：后面两句话完全可以稍稍平息我心中的怨恨。

李若金说：不被小人所辱骂，就是一个伪善欺世的人；假如被人格高尚的人所鄙视，肯定不是品行优良的人。

第一八一则

【原文】

傲骨不可无，傲心不可有。无傲骨则近于鄙夫，有傲心不得为君子。

【原评】

吴街南曰：立君子之侧，骨亦不可傲；当鄙夫之前，心亦不可不傲。

石天外曰：道学之言，才人之笔。

庞笔奴曰：现身说法，真实妙谛。

【译文】

骨子里的傲气不可以没有，傲慢的心思不可以有。没有高傲风骨的人就近似粗鄙浅陋的人，有了傲慢心思的人就不能成为有德行的君子。

【原评译文】

吴街南说：站在人格高尚的人身旁，风骨也不能高傲；处于庸俗浅陋的人面前，心思也不能不骄傲。

石天外说：道学家的言论，用才子的文笔写出。

庞笔奴说：如同菩萨化身宣说法理，是真实不虚的精妙真谛。

第一八二则

【原文】

蝉为虫中之夷齐①，蜂为虫中之管晏②。

【原评】

崔青峙曰③：心斋可谓虫中之董狐④。

吴镜秋曰⑤：蚊是虫中酷吏，蝇是虫中游客。

【注释】

①夷齐：伯夷、叔齐，代指古代高尚有节的隐士。伯夷、叔齐是孤竹国君的两个儿子，相传其父遗命立其弟叔齐为君，叔齐让伯夷，伯夷遁去。叔齐亦不立，而相与往归西伯周文王。周武王伐纣，两人叩马谏，以为不仁。及周灭商，夷、齐耻食周粟而隐于首阳山，采薇而食，遂饿死。

②管晏：管仲和晏婴的并称，分别是春秋时齐桓公、齐景公的相国，两人均足智多谋、善于治理国事，常用来指代有智谋、长于国事的大臣。《史

记·孟子荀卿列传》："子之称淳于先生，管晏不及，及见寡人，寡人未有得也。"

③崔青峙：崔岱齐，字青峙，号天门，平山（今属河北）人。康熙甲子拔贡，曾任职刑部江南司部、湖南长沙知府，廉洁清正，学识渊博，著有《坐啸诗草》《骊珠集》等。

④董狐：春秋时期晋灵公史官。周人辛有后裔，世袭太史，亦称史狐。灵公十四年（前607），公欲杀正卿赵盾，盾出奔未越境，盾族弟赵穿袭杀灵公，迎盾还。狐书于史策曰："赵盾弑其君。"以示于朝。盾不以为然。狐以盾身为正卿，出走未越境，归不讨贼，杀君者非盾而谁。孔子闻之，称其为古之良史。

⑤吴镜秋：吴雯炯，字镜秋，号葛巾老人，清安徽歙县丰南人。寓居江西南昌蓼洲，尝师从吴绮，得填词法。年八十一卒，无子。著有《香草词》《笙山草堂诗》等。

【译文】

蝉是昆虫中洁身自好的伯夷

和叔齐，蜜蜂是昆虫中勤恳能干的管仲和晏子。

【原评译文】

崔青峙说：张先生可以说是昆虫中直书不讳的良史董狐。

吴镜秋说：蚊子是昆虫中的严酷官吏，苍蝇是昆虫中的投靠权贵者。

第一八三则

【原文】

曰痴、曰愚、曰拙、曰狂，皆非好字面①，而人每乐居之；曰奸、曰黠、曰强、曰佞，反是②，而人每不乐居之，何也？

【原评】

江含徵曰：有其名者无其实，有其实者避其名。

【注释】

①好字面：意义比较好的字。

②反是：跟上面的情况相反。

【译文】

痴、愚、拙、狂，都不是有好含义的字，而人们往往很乐意接受。大家说的奸、黠，强、佞等字，这些跟上面的相反，人们往往不高兴接受，这是为什么呢？

【原评译文】

江含徵说：这是因为有这种名声的人没有实际行为，而有这种实际行为的人逃避这种名声。

第一八四则

【原文】

唐虞之际①，音乐可感鸟兽②。此盖唐虞之鸟兽，故可感耳；若后世之鸟兽，恐未必然。

【原评】

洪去芜曰：然则鸟兽亦随世道为升降耶？

陈康畴曰：后世之鸟兽，应是后世之人所化身，即不无升降，正未可知。

石天外曰：鸟兽自是可感，但无唐虞音乐耳。

毕右万曰：后世之鸟兽，与唐虞无异，但后世之人迥不同耳。

【注释】

①唐虞之际：指尧与舜统治的时代，是古人心目中的太平盛世。唐虞，即尧、舜。尧为陶唐氏，舜为有虞氏。际：时期。

②音乐可感鸟兽：据《尚书》中的《益稷》《舜典》等篇记载，舜时夔为乐官，掌管音乐，演奏时可以打动飞禽走兽，使之应和世道。

【译文】

尧和舜时期的音乐可以感动飞禽走兽。这大概因为它们是尧舜时期的飞禽走兽，有感受音乐的能力，也可能是尧舜时的太平盛世让它们感动；如果是后世的飞禽走兽，恐怕未必会这样。

【原评译文】

洪去芜说：难道飞禽走兽的品性也随着世道的盛衰而有所上升和下降吗？

陈康畴说：后世的飞禽走兽，应该是后世之人的化身，即使没有世风的盛衰变化，也不一定会被感动。

石天外说：飞禽走兽自身是可以被感动的，只是没有尧和舜时期的音乐罢了。

毕右万说：后世的飞禽走兽，跟尧舜时期的飞禽走兽没有不同，只是后世的人跟尧舜时期的人完全不同罢了。

第一八五则

【原文】

痛可忍而痒不可忍，苦可耐而酸不可耐。

【原评】

陈康畴曰：余见酸子偏不耐苦①。

张竹坡曰：是痛痒关心语。

余香祖曰：痒不可忍，须倩麻姑搔背②。

释牧堂曰③：若知痛痒，辨苦酸，便是居士悟处。

【注释】

①酸子：即酸丁。旧时对贫寒而迂腐的读书人的贬称。

②麻姑：传说中的仙女。传说东汉桓帝时曾应仙人王远（字方平）召，降于蔡经家，为一美丽女子，年可十八九岁，手纤长似鸟瓜。蔡经见之，就想入非非：“背大痒时，得此爪以爬背，当佳。”方平知经心中所念，使人鞭之，且曰：“麻姑，神人也，汝何思谓爪可以爬背耶?”麻姑自云：“接侍以来，已见东海三为桑田。”又能掷米成珠，为种种变化之术。事见晋代葛洪所撰的《神仙传》。

③释牧堂：不详。

【译文】

疼痛可以忍受而瘙痒却无法忍受；苦味可以忍耐而酸味却无法忍耐。

【原评译文】

陈康畴说：我看见那些酸腐读书人偏偏忍耐不了困苦。

张竹坡说：这是痛痒都关心的话。

余香祖说：瘙痒无法忍受时可以请麻姑挠一挠。

释牧堂说：假如知道痛与痒，能够分辨出苦味与酸味，就是在家信佛人的悟道之处。

第一八六则

【原文】

镜中之影，着色人物也①；月下之影，写意人物也②。镜中之影，钩边画也③；月下之影，没骨画也④。月中山河之影⑤，天文中地理也；水中星月之象，地理中天文也。

【原评】

恽叔子曰⑥：绘空镂影之笔。

石天外曰：此种着色写意，能令古今善画人一齐搁笔。

沈契掌曰：好影子俱被心斋先生画着。

【注释】

①着色人物：涂上了色彩的人物画。

②写意：国画的一种画法，用笔高简、只求传神而不求工细，着意注重表现神态和抒发作者的意趣。多用水墨，不着色。

③钩边画：画法的一种，用线条描出物体形象的轮廓，然后设色填充。

因为从两条线勾成物形，又称为双勾画法。

④没骨画：国画中花鸟、人物的一种画法，画时只用彩色，不用双勾，类似今天的水彩画。元王冕、清恽寿平等人均以没骨画见长。

⑤月中山河之影：古人认为月亮上的阴影是地上山河的影子。

⑥恽叔子：恽格（1633—1690年），字寿平，又字正叔，亦称叔子，号南田，又有别号白云外史、云溪外史、东园客、草衣生、横山樵者、巢枫客，明末清初武进（今属江苏）人。十五岁在福建被清大将陈锦所掳，认为义子。父在杭州访得，请灵隐寺方丈谛晖劝锦，谓此子有慧根而福薄。乃剃度为僧。不久，随父回乡。初画山水，笔墨秀峭，后改画没骨花卉，自成一家，工诗，书法学唐褚遂良，诗书画人称三绝。有《瓯香馆集》《南甲诗钞》等。

【译文】

镜子中的影子是工笔画中上了颜色的人物画；月光下的影子是传神写意的人物画。镜子里的影子，是用了双勾法的人物画；月光下的影子是只用水墨的没骨画。月亮中隐现的山川河流的影子，是宇宙中的地表；而水中倒映的星星月亮的影像，是地面中的宇宙。

【原评译文】

恽叔子说：这是对空绘画、对着影子雕刻的笔法。

石天外说：这种着色画与写意画，能让古往今来善于画画的人一起搁笔。

沈契掌说：美好的影子都被张先生画下来了。

第一八七则

【原文】

能读无字之书，方可得惊人妙句；能会难通之解，方可参最上禅机①。

【原评】

黄交三曰：山老之学，从悟而入，故常有彻天彻地之言。

【注释】

①禅机：禅语机锋。禅为梵语音译“禅那”的省称，是静思之意。参禅就是玄思冥想、探究真理。

【译文】

能够读懂没有文字的书，才可以写出令人惊讶的好句子；能够领会难以解释的问题，才可以参悟最高深的禅法机要。

【原评译文】

黄交三说：张先生的学问，从领悟入手，所以经常有贯通天地的言论。

第一八八则

【原文】

若无诗酒，则山水为具文①；若无佳丽，则花月皆虚设。

【注释】

①具文：空文，徒有形式而无实际作用。

【译文】

如果没有诗和酒，那么山水不过是徒有形式的空文；如果没有美丽的女子，那么鲜花和月亮都形同虚设。

第一八九则

【原文】

才子而美姿容①，佳人而工著作②，断不能永年者，匪独为造物之所忌。盖此种原不独为一时之宝，乃古今万世之宝，故不欲久留人世以取亵耳③。

【原评】

郑破水曰：千古伤心，同声一哭。

王司直曰：千古伤心者，读此可以不哭矣。

【注释】

①美姿容：有美好的仪态和容貌。

②工著作：工于著述，这里指擅长撰写诗文。

③取亵：招致亵渎。取，得到，招致。亵，轻慢侮弄。

【译文】

姿态容貌俊美的才子，美丽漂亮而擅长写文章的佳人，之所以绝对不能长寿，并不只是因为被造物主所忌恨。因为这种人原本不只是一个时期内的珍宝，也是从古代到现代的万世珍宝，所以造物主不愿让他们久留于人间而招致俗世的亵渎罢了。

【原评译文】

郑破水说：这是千百年来的人都很伤心的事，大家一起为这不幸而悲哀吧。

王司直说：千百年来为此而伤心的人，读了这段话可以不必悲伤了。

第一九〇则

【原文】

陈平封曲逆侯①，《史》《汉》注皆云“音去遇”。予谓此是北人土音耳。若南人四音俱全②，似仍当读作本音为是（北人于唱曲之“曲”，亦读如“去”字）。

【原评】

孙松坪曰：曲逆，今完县也。众水潆洄③，势曲而流逆。予尝为土人订之。心斋重发吾覆矣④。

【注释】

①陈平（前？—前178）：西汉河南阳武人。少时家贫而好学，秦末，陈胜起事，事魏咎为太仆。后从项羽入关，任都尉。旋归刘邦，任护军中尉，为谋士。献离间项羽、范增、笼络韩信之计，均为采纳。刘邦被匈奴围于平城，陈平以计赂匈奴阏氏，使其得出。高祖六年（前200），封曲逆侯。惠帝、吕后、文帝时历任丞相。吕后死，平与太尉周勃合力诛诸吕，迎立汉文帝。卒谥献。曲逆，即今河北完县。

②四音：即四声。北方多数地方语音中无入声，曲、逆两字读如“去遇”。而按保留了入声的南方语音来读，这两个字都是入声。

③潆洄：水流回旋。

④发吾覆：揭除蔽障。见《庄子·田子方》："微夫子之发吾覆也，吾不知天地之大全也。"

【译文】

陈平被封为曲逆侯，"曲逆"，《史记》《汉书》都注释说"读作去遇"。我认为这是北方人的当地口音。假如像南方人平、上、去、入四种音调都能读出来，似乎应当读成它本来的音调才对（北方人把唱曲的"曲"字，也读成"去"字）。

【原评译文】

孙松坪说：曲逆是现在的完县。那里的各条水流都至此回旋，地势曲折而河水逆流。我曾经为当地考订过具体所在。张先生这条重蹈我的旧辙了。

第一九一则

【原文】

古人四声俱备，如"六"、"国"二字皆入声也。今梨园演苏秦剧[①]，必读"六"为"溜"，读"国"为"鬼"，从无读入声者。然考之《诗经》，如"良马六之"[②]、"无衣六兮"之类，皆不与去声叶[③]，而叶祝、告、燠；"国"字皆不与上声叶，而叶入陌、质韵[④]。则是古人似亦有入声，未必尽读"六"为"溜"、读"国"为"鬼"也。

【原评】

弟木山曰：梨园演苏秦，原不尽读"六国"为"溜鬼"。大抵以曲调为别。若曲是南调，则仍读入声也。

【注释】

①苏秦（前？—前 317 年）：战国时东周洛阳人，字季子。师鬼谷子，习

纵横家言，游说齐、楚、燕、韩、赵、魏六国合纵抗秦，他本人为纵约长，佩六国相印。古代有许多搬演苏秦故事的戏剧，苏秦剧指的就是这些，比如元杂剧《冻苏秦衣锦还乡》、明传奇《金印记》、《合纵记》等。

②良马六之：出自《诗经·鄘风·干旄》：“孑孑干旄，在浚之城。素丝祝之，良马六之。彼姝者子，何以告之？”“六”在这里与“祝”和“告”押韵。无衣六兮：出自《诗经·唐风·无衣》：“岂曰无衣六兮？不如子之衣，安且燠兮！”这里的“六”和“燠”押韵。

③叶（xié）：同“协”，叶韵，押韵。

④陌：指平水韵的入声十一陌部。质：指入声中的四质部。

【译文】

古人平、上、去、入四声都具备，像“六”、“国”这两个字都是入声。现在戏班演跟苏秦有关的戏，一定把“六”读成“溜”，把“国”读成“鬼”，从来没有读成入声的。然而从《诗经》中考证这两个字，如“良马六之”、“无衣六

兮”等句子，都不与去声押韵，而是和“祝”、“告”、“燠”押韵；“国”字都不与上声押韵，而是押入“陌”、“质”韵部。这说明古时候的人似乎也有入声，不一定都把“六”读成“溜”，把“国”读成“鬼”。

【原评译文】

弟木山说：戏班演苏秦的戏，原本没有把“六国”都读成“溜鬼”。大概是以曲调来分别的。假如曲子是南方的调，那么就仍然读作入声。

第一九二则

【原文】

闲人之砚，固欲其佳，而忙人之砚，尤不可不佳；娱情之妾①，固欲其美，而广嗣之妾②，亦不可不美。

【原评】

江含徵曰：砚美下墨，可也；妾美招妒，奈何？

张竹坡曰：妒在妾，不在美。

【注释】

①娱情：调笑欢娱。

②广嗣：指多生育子嗣。《汉书·杜钦传》：“礼，壹娶九女，所以极阳数，广嗣重祖也。”

【译文】

悠闲之人的砚台固然要精美，而忙碌之人的砚台更是不能不精美；娱悦性情的妾固然要漂亮，而多生子嗣、传宗接代的妾也不能不漂亮。

【原评译文】

江含徵曰：砚台精美宜于使用，是可以的；侍妾美貌会招致妒忌，该怎么办呢？

张竹坡曰：被妒忌是因为侍妾的身份，而不是因为容貌美丽。

第一九三则

【原文】

如何是独乐乐？曰鼓琴；如何是与人乐乐？曰弈棋；如何是与众乐乐？曰马吊①。

【原评】

蔡铉升曰②：独乐乐，与人乐乐，孰乐？曰“不若与人”；与少乐乐，与众乐乐，孰乐？曰“不若与少”。

王丹麓曰：我与蔡君异，独畏人为鬼阵③，见则必乱其局而后已。

【注释】

①马吊：亦作“马弔”，明代中后期开始盛行的一种纸牌游戏，玩法类似于今天的麻将。因为是合四十叶纸牌而成，故又称“叶子戏”。纸牌分十字、万字、索子、文钱四门，前两门画《水浒》人像，后两门画线索图形。四人同玩，每人八叶，剩下的放置在中间，出牌的时候以大打小。明代潘之恒有《叶子谱》、冯梦龙有《马吊牌经》。清代顾炎武在《日知录·赌博》中也有关于马吊的记载：“万历之末，太平无事，士大夫无所用心，间有相从赌博者。至天启中，始行马弔之戏，而今之朝士，若江南、山东，几于无人不为此。”

②蔡铉升：蔡望，字铉升，号甘泉，江苏上元人。康熙三十九（1700）年进士，官咸宁知府。有《香草堂集》。

③鬼阵：旧时围棋的别称。宋代无名氏的《采兰杂志》中有：“吴耽不好

棋，见人着，曰：‘汝非死将军，奈何辄以鬼阵相攻?’后人因名棋曰‘鬼阵’。”

【译文】

什么是独自一人玩乐的快乐呢？是弹琴；什么是两个人玩乐的快乐呢？是下棋；什么是同众人玩乐的快乐呢？打马吊。

【原评译文】

蔡铉升说：一个人玩乐的快乐和两个人玩乐的快乐，哪个更快乐？回答说：两个人玩乐的快乐。和少数人玩乐的快乐，和多数人玩乐的快乐，哪一种快乐？回答说：和少数人玩乐的快乐。

王丹麓说：我和蔡先生不同，我只怕别人下棋，见到就一定要扰乱棋局才罢休。

第一九四则

【原文】

不待教而为善为恶者，胎生也①；必待教而后为善为恶者，卵生也②；偶因一事之感触而突然为善为恶者，湿生也③（如周处、戴渊之改过④，李怀光反叛之类⑤）；前后判若两截，究非一日之故者，化生也⑥（如唐玄宗、卫武公之类⑦）。

【注释】

①胎生：出生方式之一，即由母胎而生，指的是像人类在母胎之内完成身体发育，然后出生的方式。佛教将众生分为胎生、卵生、湿生和化生四大类。《法苑珠林》：“故有四生，依壳而生曰卵，含藏而出曰胎，假润而兴曰湿，欻然而现曰化。”此处是以四生来比喻不同类型的人。

②卵生：指动物由脱离母体的卵孵化出来。鸟类、鱼类等都属于卵生。

③湿生：指动物借助湿润之气变形而出生，如蚕、虱之类。此处是指人因某事或情境所触动而发生变化，由恶转善或从善变恶。

④周处（？—299 年）：字子隐，东吴吴晋阳羡人，鄱阳太守周鲂之子。《晋书·周处传》《世说新语·自新》里记载了他改过自新的事迹。周处年少时膂力过人，凶强任侠，为乡里所患，人们把他和南山白额虎、水中蛟龙并称为“三害”，周处被认为是其中为害最大的，后来他在陆云的劝诫下改过自新，立志向学。吴亡后，周处仕晋，刚正不阿，得罪权贵，被派往西北讨伐氐羌叛变，力战而死。后被追赠“平西将军”。他著有《默语》和《风土记》，还曾撰写吴国历史。戴渊：字若思，广陵人。东晋时官至征西将军，王敦之乱时因遭其忌惮而被害。王敦之乱平定后，戴渊被追赠右光禄大夫、仪同三司。谥曰简侯。据《世说新语·自新》记载，戴渊年轻的时候好游侠，不注重品行。常在长江、淮河一带打劫商旅辎重。一次恰好遇到前往洛阳的陆机，戴渊见陆机船装甚盛，便与同党趁机劫掠。陆机见戴渊在岸上指挥得头头是道，认为他才能非凡，于是在船屋上向戴渊高呼：“卿才如此，乃复作劫耶?”戴渊听了他的话有所感悟，泪流满面，于是便扔掉剑投靠了陆机。陆机亦十分欣赏戴渊，不仅和他结交，而且还举荐他做官。

⑤李怀光（729—785 年）：唐朝将领，渤海靺鞨人，本姓茹，其先徙幽州，以战功赐姓李氏。历任检校刑部尚书，宁、庆、邠宁节度使、朔方节度使，管辖灵州。建中四年（783），泾原兵变，唐德宗出逃奉天。随后，朱泚自称大秦皇帝，进攻奉天。唐德宗向魏县行营的唐军告急。怀光和神

策军统帅李晟率领兵马前来支援。李怀光因为功高遭卢杞所忌，不让入朝。为了表示对他的信任，德宗加封李怀光为太尉，并赐铁券。结果，李怀光却将铁券扔在地上说："圣人疑怀光邪？人臣反，赐铁券，怀光不反，今赐铁券，是使之反也！"于是领兵反叛，最后被部将杀死。《新唐书》把他列入"叛臣传"。

⑥化生：本来指无所依托，借业力而忽然出现者，如诸天神、饿鬼及地狱中的受苦者。此处是指人自己发生变化，前后表现截然不同，判若两人。

⑦唐玄宗（685—762年）：李隆基，又称唐明皇。玄宗在位四十多年，即位之初任用姚崇、宋璟为相，励精图治，国势稳定富强，开创了"开元之治"的盛世局面。后来由于信任李林甫、杨国忠，重用安禄山等人，纵情享乐，怠于政事，最终招致了长达八年的安史之乱，使得唐朝由盛转衰。卫武公：春秋时卫国君主，名姬和，据说他是杀死哥哥共伯而自立为君的，可谓凶毒，但他勤于为政，在卫侯位五十五年，施行良政，使得人民安居乐业。武公四十二年（前771），犬戎杀周幽王，他协助周平王平犬戎有功，因此被周平王命为公。

【译文】

不需要受教导就做好事或做坏事的，属于胎生；一定要接受教导然后才做好事或做坏事的，属于卵生；偶然因为一件事的触动而忽然做好事或坏事的，属于湿气而生（像周处、戴渊的改过自新，李怀光造反叛乱之类）；前后判若两人，推究起来又并非因为短期原因的，属于化生（比如唐玄宗、卫武公这一类）。

第一九五则

【原文】

凡物皆以形用[1]，其以神用者[2]，则镜也，符印也[3]，日晷也[4]，指南针也。

【原评】

袁中江曰：凡人皆以形用，其以神用者，圣贤也、仙也、佛也。

黄虞外士曰[5]：凡物之用皆形，而其所以然者，神也。镜凸凹而易其肥瘦，符印以专一而主其神机，日晷以恰当而定准则，指南以灵动而活其针缝[6]。是皆神而明之，存乎人矣。

【注释】

①以形用：以自己的外形式样而被使用。

②以神用：以自己的内在实质而被使用。

③符印：符节印信等作为凭证使用的物品的统称。《新唐书·百官志一》："礼部郎中、员外郎，掌礼乐、学校、衣冠、符印、表疏、图书、册命、祥瑞、铺设，及百官、宫人丧葬赠赙之数，为尚书侍郎之贰。"

④日晷（guǐ）：古代测日影以定时刻的仪器，由晷盘和晷针组成。

⑤黄虞外士：不详。

⑥活其针缝：不将指针固定住。

【译文】

一般的器物都是因为外形式样而被使用，凭借自己的内在实质被使用的，便是镜子、符节印信、日晷、指南针。

【原评译文】

袁中江说：普通人都是因外形而被使用的，凭借实质精神而使用的，是圣贤之人、神仙、佛。

黄虞外士说：所有物品被使用都是因为其外在形式，然而之所以这样，是因为它的内在实质。镜子的凹与凸会改变影像的胖瘦，符节印信是因为专一而有其奇异禀赋，日晷因为要恰当其时而确定了它的运行准则，指南针是因为它的灵活而不将其指针固定住。这些事物的奥秘要真正明白，就在于各人的领会了。

第一九六则

【原文】

才子遇才子，每有怜才之心；美人遇美人，必无惜美之意。我愿来世托生为绝代佳人，一反其局而后快。

【原评】

陈鹤山曰：谚云[①]：“鲍老当筵笑郭郎[②]，笑他舞袖太郎当[③]。若教鲍老当筵舞，转更郎当舞袖长。”则为之奈何？

郑藩修曰：俟心斋来世为佳人时再议。

余湘客曰：古亦有“我见犹怜”者[④]。

倪永清曰：再来时不可忘却。

【注释】

①谚云：据宋陈师道《后山诗话》，这四句是宋代诗人杨亿的《傀儡诗》，“语俚而意切，相传以为笑。”

②鲍老：宋代戏剧中的角色，又称“抱锣”，是一个逗人笑乐的角色。郭

郎：戏剧中的丑角，又称郭秃，是个秃头木偶。

③郎当：衣服宽大不合身的样子。

④我见犹怜：我见了她尚且觉得可爱。形容女子容貌美丽动人。犹，尚且。怜，爱。

【译文】

才子遇到才子，常有相互欣赏的心思；美人遇到美人，就绝没有相互怜惜的情意。我愿意来世投胎变成绝代佳人，一改美人间的这种情形而后快。

【原评译文】

陈鹤山说：谚语说："鲍老在筵席上笑话郭郎，嘲笑他的舞袖太过宽大不合体。若是让鲍老在筵席上起舞，那么他的舞袖反而比郭郎的更为宽大不合体。"那又怎么办呢？

郑藩修说：等到张先生来世变成美人时再讨论吧。

余湘客说：古时候也有"我见犹怜"的故事。

倪永清说：张先生再转世的时候不要忘记了。

第一九七则

【原文】

予尝欲建一无遮大会①，一祭历代才子，一祭历代佳人。俟遇有真正高僧，即当为之。

【原评】

顾天石曰：君若果有此盛举，请迟至二三十年之后，则我亦可以拜领盛情也。

释中洲曰：我是真正高僧，请即为之，何如？不然，则此二种沉魂滞魄②，何日而得解脱耶？

江含徵曰：折柬虽具③，而未有定期，则才子佳人亦复怨声载道。又曰：我恐非才子而冒为才子，非佳人而冒为佳人，虽有十万八千母陀罗臂④，亦不能具香厨⑤法膳也。心斋以为然否？

释远峰曰⑥：中洲和尚，不得夺我施主。

【注释】

①无遮大会：佛教举行的一种以布施为主要内容的法会，每五年一次。无遮，指宽容一切，解脱诸恶，不分贵贱、僧俗、智愚、善恶，一律平等看待，也称般遮大会、无遮会或无碍会。《梁书·武帝纪下》：“（中大通元年九月）癸巳，舆驾幸同泰寺，设四部无遮大会，因舍身。公卿以下，以钱一亿万奉赎。”

②沉魂滞魄：指游荡而无所依归的魂魄。

③折柬：也作折简。写信，这里意犹下了请帖。

④母陀罗：佛教用语，意为印契，即以手结成的各种印形。《楞严经》卷六：“故我能现众多妙容，能

说无边秘密神咒，其中或现一首三首……乃至一百八臂，千臂万臂，八万四千母陀罗臂。”

⑤香厨：即“香积厨”，指僧家的厨房。

⑥释远峰：行溗，字法音，号远峰，兴化（今属江苏）人，本姓彭。

【译文】

我曾经打算举办一场以布施为中心的法会，一来祭奠历代才子，一来祭奠历代佳人。等我遇上真正得道的高僧，就要着手举办了。

【原评译文】

顾天石说：张先生如果真要办这样盛大的仪式，请延迟到二三十年之后再举行，那么我就也能够拜领您的盛情了。

释中洲说：我就是真正的有道高僧，请即刻着手举办，怎么样？不然，这才子佳人沉沦阴间的魂魄，什么时候才能够得到解脱呢？

江含徵说：请客的书柬虽然已经备下，然而却没有确定的日期，那么那些才子佳人们也会心怀不满。又说：我只怕到时候不是才子的人却冒充才子，不是佳人却冒充佳人前来，即使是有十万八千的母陀罗臂，也不能备足够的僧厨法膳。张先生认为是这样吗？

释远峰说：中洲和尚不要抢夺我的施主。

第一九八则

【原文】

圣贤者，天地之替身。

【原评】

石天外曰：此语大有功名教①，敢不伏地拜倒。

张竹坡曰：圣贤者，乾坤之帮手。

【注释】

①名教：指以正名定分为主旨的封建礼教。晋代袁宏《后汉纪·献帝纪》："夫君臣父子，名教之本也。"

【译文】

圣人和贤人是天和地的化身。

【原评译文】

石天外说：这句话对儒家纲常伦理有很大的功劳，怎么敢不伏到地上行礼。

张竹坡说：圣人和贤士，是天和地的帮手。

第一九九则

【原文】

天极不难做，只须生仁人君子有才德者二三十人足矣。君一、相一、冢宰一①，及诸路总制、抚军是也②。

【原评】

黄九烟曰：吴歌有云："做天切莫做四月天③。"可见天亦有难做之时。

江含徵曰：天若好做，又不须女娲氏补之。

尤谨庸曰：天不做天，只是做梦，奈何，奈何！

倪永清曰：天若都生善人，君相皆当袖手，便可无为而治。

陆云士曰：极诞极奇之话，极真极确之话。

【注释】

①冢宰：周代官名，也称"大宰"，为六卿之首，统领百官。后世把掌管

选拔官员事物的吏部尚书称为“冢宰”。《明史·职官志一》：“（吏部）尚书掌天下官吏选授、封勋、考课之政令，以甄别人才，赞天子治。盖古冢宰之职，视五部为特重。”

②路：宋元时的行政区域名称。这里代指省。总制：官名，即总督，明清时的地方最高长官，管理一省或数省。抚军：官名。明清时对巡抚的另一种称呼，巡抚是省级政府的最高长官。

③做天切莫做四月天：民谚，表示左右为难。“做天难做四月天，蚕要温和麦要寒。卖菜哥哥要落雨，采桑娘子要晴干。”

【译文】

上天并不难做，只要降生二三十个好心肠的正派人和有才能品德的人就足够了。一个做国君，一个为丞相，一个为吏部尚书，其余的为各省总督和巡抚。

【原评译文】

黄九烟说：江浙一带的民歌唱道：“做天千万不要做四月的天。”可见上天也有极为难做的时候。

江含徵说：上天要是好做的话，就不需要女娲氏去补它了。

尤谨庸说：上天不做上天应做之事，只是做梦，有什么办法，有什么办法！

倪永清说：上天如果生下的都是善良的人，那君王和宰相就都可以无所事事了，这样就可以达到无所作为而天下得到治理的境界了。

陆云士说：这是极为荒诞、极为奇怪的话，又是极为真实、极为确切的话。

第二〇〇则

【原文】

掷升官图[①]，所重在德，所忌在赃；何一登仕版[②]，辄与之相反耶？

【原评】

江含徵曰：所重在德，不过是要赢几文钱耳。

沈契掌曰：仕版原与纸版不同。

【注释】

①升官图：旧时的一种赌博游戏，又称选官图、彩选格、百官铎等。纸上画京外文武大小官位，以骰子掷之。以第一掷为进身之始，其后计点数彩色，以定升降。以四为“德”，以六为“才”，以二、三、五为“功”，以幺为“赃”，遇德则超迁，才次之，功亦升转，遇幺则降罚。

②一登仕版：一旦开始当官。仕版，旧指记载官吏名籍的簿册，亦借指仕途，官场。宋代苏舜钦有《应制科上省使叶道卿书》：“某为性本迂拙，不喜事人事，名虽在仕版，而未尝数当涂之门，窃服于道二十年矣！”

【译文】

投掷升官图时，所注重的是道德，所忌讳的是贪污受贿；为什么一旦开始做官，就跟这些情况相反呢？

【原评译文】

江含徵说：所看重的是道德，不过是为了要赢几文钱罢了。

沈契掌说：记录官员姓名的仕版原本就与玩游戏的纸版不一样。

第二〇一则

【原文】

动物中有三教焉[1]：蛟、龙、麟、凤之属，近于儒者也；猿、狐、鹤、鹿之属，近于仙者也[2]；狮子、牯牛之类[3]，近于释者也[4]。植物中有三教焉：竹、梧、兰、蕙之属，近于儒者也；蟠桃、老桂之属，近于仙者也；莲花、薝蔔之属[5]，近于释者也。

【原评】

顾天石曰：请高唱《西厢》一句[6]，“一个通彻三教九流[7]”。

石天外曰：众人碌碌，动物中蜉蝣而已[8]；世人峥嵘[9]，植物中荆棘而已。

【注释】

①三教：指儒、道、佛三家。

②仙：指道教。道教宣扬修炼升仙。

③牯（gǔ）牛：阉割过的公牛。

④释：指佛教，因佛祖释迦牟尼而来。

⑤薝蔔（zhān bǔ）：梵语音译，又译作瞻蔔伽、旃波迦、瞻波等，意译为郁金花。

⑥《西厢》：指元代剧作家王实甫的《西厢记》，该杂剧取材于唐代诗人元稹所写的传奇《会真记》（又名《莺莺传》），讲述了张生和崔莺莺的恋爱故事，被称为元杂剧的压卷之作。

⑦一个通彻三教九流：一个通晓宗教和学术上各种流派的人，本指张生学问广博，在这里用来赞美张潮知识丰富。出自《西厢记》第四本第二折："一个通彻三教九流，一个晓尽描鸾刺绣。"

⑧蜉蝣：虫名。幼虫生活在水中，成虫褐绿色，有四翅，生存期极短。比喻微小的、无足轻重的生命。

⑨峥嵘：卓越，不平凡。

【译文】

动物中也有三教：蛟、龙、麒麟、凤凰之类，近于儒教；猿、狐、仙鹤、鹿之类，近于道教；狮子、牯牛之类，近于佛教。植物中也有三教：竹子、梧桐、兰花、蕙草之类，近于儒教；蟠挑、桂树之类，近于道教；莲花、郁金花之类，近于佛教。

【原评译文】

顾天石说：请高声唱《西厢记》中的一句，"一个是通晓各种宗教和学术流派的人"。

石天外说：大部分世人庸俗无为，不过是动物中的蜉蝣罢了；世人中的卓越者，不过是植物中的荆棘罢了。

第二〇二则

【原文】

佛氏云"日月在须弥山腰"[①]，果尔[②]，则日月必是绕山横行而后可；苟有升有降，必为山巅所碍矣。又云："地上有阿耨达池[③]，其水四出，流入诸印度。"又云："地轮之下为水轮，水轮之下为风轮，风轮之下为空轮。"余谓此皆喻言人身也：须弥山喻人首，日月喻两目，池水四出喻血脉流通，地轮喻此身，水为便溺，风为泄气④，此下则无物矣。

【原评】

释远峰曰：却被此公道破。

毕右万曰：乾坤交后，有三股大气，一呼吸、二盘旋、三升降。呼吸之气，在八卦为震巽，在天地为风雷、为海潮，在人身为鼻息。盘旋之气，在八卦为坎离，在天地为日月，在人身为两目，为指尖、发顶罗纹，在草木为树节、蕉心。升降之气，在八卦为艮兑，在天地为山泽，在人身为髓液便溺，为头颅肚腹，在草木为花叶之萌凋，为树梢之向天、树根之入地。知此，而寓言之出于二氏者，皆可类推而悟。

【注释】

①须弥山：佛教传说中的高山，也译作须弥楼、苏迷庐等，意译妙高、妙光，比喻至大至高。

②果尔：果真是这样。尔：如此。

③阿耨（nòu）达池：湖名，梵语音译，意译为“无热恼”，在今西藏普兰县境内。唐代称为无热恼池，在古印度北，大雪山北香山南，二山之中。唐玄奘《大唐西域记》序中作“阿那婆答多池”。

④泄气：指放屁。

【译文】

佛家说：“太阳和月亮在须弥山的山腰。”果真这样，那么太阳和月亮一定是绕着山水横着运行才可以；如果有升有降，一定会被山顶所阻挡。佛家又说：“地上有阿耨达池，池水向四周蔓延，流入印度各地。”又说：“地轮的下面是水轮，水轮的下面是风轮，风轮的下面是空轮。”我认为这些都是在比喻人的身体：须弥山比喻人的头，日月比喻两只眼睛，池水到处蔓延比喻血脉流动循环，地轮比喻人的身体，水轮比喻屎尿，风轮比喻放屁，再往下就什么东西都没有了。

【原评译文】

释远峰说：这里的隐秘却被张先生说破了。

毕右万说：天地相交之后，有三股大气，一是呼吸之气、二是盘旋之气、三是上升和下降之气。呼吸之气，在八卦中为震、巽，在天地间就是风雷、是大海的浪潮，在人身体中就是鼻子呼吸时的气息。盘旋之气，在八卦中为坎、离，在天地中就是太阳、月亮，在人身体中就是两个眼睛，是手指尖和头顶的螺旋纹，在植物中就是树木分枝长叶的地方、是芭蕉的茎心。上升和下降之气，在八卦中就是艮、兑，在天地中是山泽，在人身体中为精髓体液屎尿，是头颅和肚腹，在草木之中为花与叶的生发和凋谢，使树梢向天生长、树根向地下延伸。知道了这些，凡是出自佛教和道教中的寓言，都能以此类推而领悟。

第二〇三则

【原文】

苏东坡和陶诗尚遗数十首①。予尝欲集坡句以补之，苦于韵之弗备而止。如《责子》诗中“不识六与七”、“但觅梨与栗”②，七字、栗字，皆无其韵也。

【注释】

①和陶诗：苏轼晚年诗歌风格趋于平淡，曾先后追和陶渊明的诗一百多首。和，就是用与原诗同样的韵写诗。

②《责子》诗：陶渊明的诗，诗中用幽默的笔法分别写了五个孩子的情状。其中有这样的句子：“雍端年十三，不识六与七。通子垂九龄，但觅梨与栗。天运苟如此，且进杯中物。”

【译文】

苏东坡和陶渊明的诗还留存了数十首。我曾经想集苏东坡的诗句来补充它，但苦于韵脚不完备而中断了。比如《责子》诗中的“不识六与七”、“但觅梨与栗”，两句中的“七”字和“栗”字，都没有能够与其押韵的。

第二〇四则

【原文】

予尝偶得句，亦殊可喜，惜无佳对，遂未成诗。其一为“枯叶带虫飞”，其一为“乡月大于城”，姑存之，以俟异日。

【译文】

我曾经偶然吟得一句诗，也特别高兴，可惜没有好的对句，于是没有写成诗。其中一句是“枯叶带虫飞”，另一句是“乡月大于城”，姑且将它们记下来，等以后有机会再补定吧。

第二〇五则

【原文】

“空山无人，水流花开①”二句，极琴心之妙境②；“胜固欣然，败亦可喜③”二句，极手谈之妙境④；“帆随湘转，望衡九面⑤”二句，极泛舟之妙境；“胡然而天，胡然而帝⑥”二句，极美人之妙境。

【注释】

①空山无人，水流花开：出自苏轼的《十八大阿罗汉颂》：“第九尊者，食已襆钵，持数珠，诵咒而坐。下有童子，构火具茶，又有埋筒注水莲池中

者。颂曰：饭食已异，襆钵而坐。童子茗供，吹籥发火。我作佛事，渊乎妙哉。空山无人，水流花开。"

②琴心：修道之心，或者弹琴者悠然之心。

③胜固欣然，败亦可喜：赢了固然很高兴，输了也很喜悦。出自苏轼《观棋》："小儿近道，剥啄信指。胜固欣然，败亦可喜。优哉游哉，聊复尔耳。"

④手谈：下围棋。《世说新语·巧艺》："王中郎以围棋是坐隐，支公以围棋为手谈。"

⑤帆随湘转，望衡九面：语出《古诗源》中所收《湘中渔歌》，意思是船顺着湘江蜿蜒而下，能够九次看到衡山。

⑥胡然而天，胡然而帝：语出《诗经·鄘风·君子偕老》："胡然而天也，胡然而帝也。"形容女子的服饰容貌如同天神一般，后来多用于贬义，形容言行放肆，也作胡天胡地。

【译文】

"空山无人，水流花开"这两句，淋漓尽致地表现了古琴所演奏出的美好境界；"胜固欣然，败亦可喜"这两句，淋漓尽致地写出了下棋所能达到的一种境界；"帆随湘转，望衡九面"这两句，淋漓尽致地表现了水上泛舟、景随船行极其美好的境界；"胡然而天，胡然而帝"这两句，写尽了美人极其美妙的境界。

第二〇六则

【原文】

镜与水之影，所受者也气[①]；日与灯之影，所施者也[②]。月之有影，则在天者为受，而在地者为施也。

【原评】

郑破水曰：受、施二字，深得阴阳之理。

庞天池曰：幽梦之影，在心斋为施，在笔奴为受。

【注释】

①受：指物体投影于镜或水中，镜与水只是被动地反射其影。

②施：指太阳光或灯光投射在物体上，使它们产生影子。太阳或灯是主动施行，是发出者。

【译文】

镜子和水中的影子是被动承受而来的；太阳与灯光的影子，是主动施与造成的。月亮的影子，在天上是月亮被动承受而来的，月光照在大地上的影子却是主动施与造成的。

【原评译文】

郑破水说：接受与施与这两个词，深得阴阳学说的义理。

庞天池说：幽梦的影子，对于张先生来说是主动施与，对于没有才华的文人来说则是被动承受。

第二〇七则

【原文】

水之为声有四：有瀑布声，有流泉声，有滩声，有沟浍声[1]。风之为声有三：有松涛声，有秋叶声，有波浪声。雨之为声有二：有梧叶、荷叶上声[②]，有承檐溜竹筒中声[③]。

【原评】

弟木山曰：数声之中，惟水声最为可厌，以其无已时，甚聒人耳也[④]。

【注释】

①沟浍（kuài）：沟渠。浍，田间排水的渠。

②梧叶、荷叶上声：指雨点落在梧桐叶与荷叶上的声音。如白居易《长恨歌》："春风桃李花开日，秋雨梧桐叶落时。"李商隐《宿骆氏亭寄怀崔雍崔衮》："秋阴不散霜飞晚，留得枯荷听雨声。"

③承檐：又名承霤、承落，屋檐下用来承接雨水的槽，一般为竹制或木制。

④聒（guō）：声音吵闹，使人厌烦。

【译文】

水产生的声音有四种：瀑布的飞泻声，流泉的潺潺声，滩流的撞击声，沟渠的流泻声。风产生的声音有三种：松涛的起伏声，秋叶的飒飒声，波浪的翻涌声。雨所产生的声音有两种：打在梧桐叶、荷叶上的淅沥声，屋檐下的水落入竹筒中的滴答声。

【原评译文】

弟木山说：这几种声音中，只有水声最令人厌恶，因为它没有停止的时候，听起来非常嘈杂。

第二○八则

【原文】

文人每好鄙薄富人，然于诗文之佳者，又往往以金玉、珠玑、锦绣誉之，则又何也？

【原评】

陈鹤山曰：犹之富贵家张山臞野老落木荒村之画耳①。

江含徵曰：富人嫌其悭且俗耳，非嫌其珠玉文绣也。

张竹坡曰：不文，虽富可鄙；能文，虽穷可敬。

陆云士曰：竹坡之言是真公道说话。

李若金曰：富人之可鄙者在吝，或不好史书，或畏交游，或趋炎热而轻忽寒士②。若非然者，则富翁大有裨益人处，何可少之？

【注释】

①张：张挂、悬挂。山臞（qú）野老：指村野老人。梁代丘迟《旦发渔浦潭》诗："村童忽相聚，野老时一望。"落木荒村：落叶萧萧、偏僻荒凉的村落。

②趋炎热：比喻趋附权势。轻忽寒士：轻视贫苦的读书人。寒士，贫苦寒微的读书人。

【译文】

会写文章的读书人常爱鄙视富人，然而对于好的诗文又往往用金玉、珠玑、锦绣来赞美它，这又是什么原因呢？

【原评译文】

陈鹤山说：就好像富贵人家悬挂山村野老的山村落叶之画一样。

江含徵说：对于富人只是嫌弃他们吝啬又俗气罢了，并不是讨厌他们的珠玉、锦绣。

张竹坡说：不会写文章，虽然富有也令人鄙视；能够写文章，即使贫穷也值得尊敬。

陆云士说：张先生所说的真是公道话。

李若金说：富人的可鄙之处在于吝啬，或者不爱好读史籍，或者害怕结交朋友，或是巴结有权势的人而轻视贫苦的读书人。假如不是这样的话，那么有钱人对人大有益处，怎么能少得了呢？

第二〇九则

【原文】

能闲世人之所忙者，方能忙世人之所闲。

【译文】

能够把世上的人都忙于去做的事闲置下来，才能够去忙世俗人所闲置的事情。

第二一〇则

【原文】

先读经，后读史，则论事不谬于圣贤；既读史，复读经，则观书不徒为章句①。

【原评】

黄交三曰：宋儒语录中不可多得之句。

陆云士曰：先儒著书法累牍连章②，不若心斋数言道尽。

王宓草曰：妄论经史者，还宜退而读经。

【注释】

①章句：分析古书的章节句读，是经学家解说经义的一种方式，亦泛指书籍注释。

②累牍连章：形容文章篇幅长，文字多。牍，古代写字用的竹、木简。

【译文】

先读经类的书籍，后读史类的书籍，那么再评论事情时便不会背离圣贤之道；已经阅读了史类的书籍，再去阅读经类的书籍，那么读书就不会仅拘泥于字句的解释。

【原评译文】

黄交三说：这是宋代儒家学者语录中非常难得见到的语句。

陆云士说：前代的儒者用大量的文字和篇幅写读书之法，不如张先生几句话就说清楚了。

王宓草说：妄加评论经史的人还是应该退一步去读儒家经书。

第二一一则

【原文】

居城市中，当以画幅当山水，以盆景当苑囿①，以书籍当朋友。

【原评】

周星远曰：究是心斋，偏重独乐乐。

王司直曰：心斋先生置身于画中矣。

【注释】

①苑囿：本指古代圈起来畜养禽兽供帝王玩乐的园林，这里泛指园林。

【译文】

居住在城市中，应当把画幅当作自然中的山水，把盆景当作蓄养禽兽的园林，把书籍当作朋友。

【原评译文】

周星远说：推究原因是张先生偏爱一个人玩乐的乐趣。

王司直说：张先生置身于图画之中了。

第二一二则

【原文】

乡居须得良朋始佳，若田夫樵子，仅能辨五谷而测晴雨，久且数未免生厌矣。而友之中又当以能诗为第一，能谈次之，能画次之，能歌又次之，解觞政者又次之①。

【原评】

江含徵曰：说鬼话者又次之②。

殷日戒曰：奔走于富贵之门者，自应以善说鬼话为第一，而诸客次之。

倪永清曰：能诗者必能说鬼话。

陆云士曰：三说递进，愈转愈妙，滑稽之雄③。

【注释】

①觞（shāng）政：在宴会上行酒令，也泛指喝酒。汉代刘向《说苑·善说》中有："魏文侯与大夫饮酒，使公乘不仁为觞政。"觞，古代的一种盛酒的杯子。

②鬼话：这里指讲鬼故事，下文指的是编造不真实的谎话。

③滑稽：能言善辩，言辞流利。后指言语、动作或事态令人发笑。雄：为首者，居前列。

【译文】

在乡村居住必须得有好的朋友才好，如果交往的是农夫和砍柴的人，他们仅仅能够分辨五谷、预测天气是晴还是下雨，时间长了总是这样就难免令人心生厌倦。而朋友之中又以能够写诗的人为第一，善于清谈的人略逊色一些，会画画的人再逊色一些，善于唱歌的人又略差一些，懂得饮酒行令的人

又再差一些。

【原评译文】

江含徵说：说胡话、诳话的人又次之。

殷日戒说：奔波于富贵之家，自然应当以善于编造谎言为第一，而其他各种门客排在后面。

倪永清说：能写诗的人一定能讲虚构的话。

陆云士说：前面三种说法一种比一种递进，越转折越妙，真是能言善辩。

第二一三则

【原文】

玉兰，花中之伯夷也（高而且洁）①；葵，花中之伊尹也（倾心向日）②；莲，花中之柳下惠也（污泥不染）③。鹤，鸟中之伯夷也（仙品）；鸡，鸟中之伊尹也（司晨）④；莺，鸟中之柳下惠也（求友）⑤。

【注释】

①高而且洁：高尚纯洁。

②倾心：尽心，全心。这里指向日葵一心朝向太阳。

③柳下惠：即春秋时鲁大夫展禽，因食邑柳下（地名），谥惠，故名柳下惠，是著名的高洁之士，并留下了坐怀不乱的佳话。

④司晨：打鸣报晓，这里比喻早起勤政，忠于职守。

⑤求友：寻求朋友。鸟鸣求友，出自《诗经·小雅·伐木》："伐木丁丁，

鸟鸣嘤嘤。出自幽谷，迁于乔木。嘤其鸣矣，求其友声。”

【译文】

玉兰，是花中的伯夷（清高而纯洁）；葵花，是花中的伊尹（全心全意向着太阳）；莲花，是花中的柳下惠（出淤泥而不染）。仙鹤，是禽鸟中的伯夷（仙风道骨）；鸡，是禽鸟中的伊尹（主管报晓司晨，尽忠职守）；黄莺，是禽鸟中的柳下惠（寻求朋友）。

第二一四则

【原文】

无其罪而虚受恶名者，蠹鱼也（蛀书之虫另是一种，其形如蚕蛹而差小①）；有其罪而恒逃清议者②，蜘蛛也。

【原评】

张竹坡曰：自是老吏断狱。

李若金曰：予尝有除蛛网说，则讨之未尝无人。

【注释】

①差小：较小、略小一些。差，比较，略微。

②恒：经常。清议，公正的舆论。

【译文】

没有这种罪过而枉自承担恶名的是蠹鱼（蛀蚀书籍的是另外一种虫子，它的样子比蚕蛹略微小些）；有某种罪过却总是能逃脱舆论指责的是蜘蛛。

【原评译文】

张竹坡说：这是老练的官吏断案，又快又准。

李若金说：我曾经有清除蜘蛛网的说法，可见并不是没有人对蜘蛛发动攻击。

第二一五则

【原文】

臭腐化为神奇，酱也，腐乳也①，金汁也②。至神奇化为臭腐，则是物皆然。

【原评】

袁中江曰：神奇不化臭腐者，黄金也，真诗文也。

王司直曰：曹操、王安石文字，亦是神奇出于臭腐。

【注释】

①腐乳：一种食品，用小块的豆腐做坯，经过发酵、腌制而成。

②金汁：即粪清。明代宋应星的《天工开物·火药料》中记载："毒火以砒、硇砂为君，金汁、银锈、人粪和制。"钟广言注："金汁：即'粪清'，用棉纸过滤后贮藏一年以上的粪汁。"

【译文】

能将腐臭的东西化为神妙奇特的东西是酱、豆腐乳、粪清。至于将神妙奇特的东西化为腐臭，则任何东西都是这样的。

【原评译文】

袁中江说：神妙奇特的东西不能化为腐臭的有黄金、真正好的诗歌和文章。

王司直说：曹操、王安石的文章，也是由臭腐化为神奇而来的。

第二一六则

【原文】

黑与白交①，黑能污白，白不能掩黑；香与臭混，臭能胜香，香不能敌臭。此君子小人相攻之大势也。

【原评】

弟木山曰：人必喜白而恶黑，黜臭而取香②，此又君子必胜小人之理也。理在，又乌论乎势。

石天外曰：余尝言于黑处着一些白，人必惊心骇目，皆知黑处有白；于白处着一些黑，人亦必惊心骇目，以为白处有黑。甚矣，君子之易于形短③，小人之易于见长，此不虞之誉、求全之毁由来也。读此慨然④。

倪永清曰：当今以臭攻臭者不少。

【注释】

①交：相交，碰在一起。

②黜臭：废弃臭物。

③形短：相较后显现出短处。

④不虞之誉：没有意料到的赞扬。虞，料想。誉，称赞。求全之毁：一心想保全声誉，反而受到毁谤。毁，毁谤。语出《孟子·离娄上》：“有不虞之誉，有求全之毁。”

【译文】

黑色与白色相交接，黑色能玷污白色，白色却不能遮盖黑色；香味与臭味相混合，臭味能够胜过香味，香味却无法敌得过臭味。这就是高尚君子与肮脏小人相互攻击主要的发展趋势。

【原评译文】

弟木山说：人们一定喜欢白的讨厌黑的，摒弃臭味而选取香的，这又是高尚君子必然能战胜肮脏小人的道理。道理在，又何必论发展趋势。

石天外说：我曾经说要是在黑的地方放一点白的，人们看了一定感到震惊，都知道黑的地方有白的；要是在白的地方放一点黑的，人们看了也一定会感到震惊，知道白的地方有黑色。遗憾啊，高尚君子实在是太容易显现出短处，肮脏小人实在是太容易于比较中表现出长处，这就是由于过分追求表扬和一心保全荣誉反遭毁谤所造成的。读到这里令人感叹不已啊。

倪永清说：现如今以臭味攻击臭味的也不少。

第二一七则

【原文】

“耻”之一字[①]，所以治君子；“痛”之一字[②]，所以治小人。

【原评】

张竹坡曰：若使君子以耻治小人，则有耻且格[③]；小人以痛报君子，则尽忠报国。

【注释】

①耻：进行道德谴责，使其内心产生羞愧之情。耻，廉耻之心。

②痛：因惩罚而遭受的肉体痛苦。

③有耻且格：指人有知耻之心，则能自我检点而归于正道。出自《论语·为政》：“道之以德，齐之以礼，有耻且格。”格：到来，这里是人心归顺的意思。

【译文】

“耻”这个字，是用来约束君子的；“痛”这个字，是用来制约小人的。

【原评译文】

张竹坡说：假如让君子以耻来制约小人，那么小人就能有知耻之心且能约束自己归于正道；小人用痛这个字来回报君子，君子就能尽忠报效国家。

第二一八则

【原文】

镜不能自照，衡不能自权[①]，剑不能自击[②]。

【原评】

倪永清曰：诗不能自传，文不能自誉。

庞天池曰：美不能自见，恶不能自掩。

【注释】

①衡不能自权：秤不能称测自身的重量。衡，秤杆，泛指秤。权，本意是秤锤，这里作动词用，指称测重量。

②击：击刺。

【译文】

镜子不能自己照见自己，秤不能自己称量自己，宝剑不能自己击刺自己。

【原评译文】

倪永清说：诗歌不能自己传诵自己，文章不能自己赞誉自己。

庞天池说：美丽不能自我显现，恶迹不能自己掩盖。

第二一九则

【原文】

古人云[①]：“诗必穷而后工。”盖穷则语多感慨，易于见长耳。若富贵中人，既不可忧贫叹贱，所谈者不过风云月露而已[②]，诗安得佳？苟思所变，计惟有出游一法。即以所见之山川、风土、物产、人情，或当疮痍兵燹之余[③]，或值旱涝灾祲之后[④]，无一不可寓之诗中。借他人之穷愁，以供我之咏叹，则诗亦不必待穷而后工也。

【原评】

张竹坡曰：所以郑监门《流民图》独步千古[⑤]。

倪永清曰：得意之游，不暇作诗；失意之游，不能作诗。苟能以无意游之，则眼光识力，定是不同。

尤悔庵曰：世之穷者多而工诗者少，诗亦不任受过也。

【注释】

①古人：指北宋文学家欧阳修（1007—1072 年），这句话是在他的《梅圣俞诗集序》中说的：“予闻世谓诗人少达而多穷，夫岂然哉！……盖愈穷则愈工。然则非诗之能穷人，殆穷者而后工也。”

②风云月露：指绮丽浮靡，吟风弄月的诗文。隋李谔上书请正文体，批评当时的文章。《隋书 · 李谔传》：“连篇累牍，不出月露之形；积案盈箱，唯是风云之状。”

③疮痍：创伤，比喻遭受灾祸后凋敝的景象。兵燹（xiǎn）：因战乱而造成的焚烧、破坏等灾害。

④灾祲（jìn）：灾异，灾难。祲，不祥之气。

⑤郑监门：郑侠（1041—1119年），北宋诗人，字介夫，号大庆居士、一拂居士，福州福清人。英宗治平四年（1067）进士，早年受王安石器重，但后因不赞同新法，抨击新法的弊端，揭露吕惠卿等人罪状，多次被贬。神宗熙宁六年（1073）至翌年三月，久旱不雨，流民扶携塞道，郑侠绘《流民图》上之，奏请罢新法，次日，新法罢去者十有八事。吕惠卿执政，又上疏论之，谪汀州编管，徙英州。哲宗立，始得归。元符七年（1104），再贬英州。徽宗立，赦还，复故官，旋又为蔡京所夺，遂不复出。有《西塘集》。

【译文】

古人说："写诗只有在诗人穷困潦倒的时候才能写得好。"大概是说诗人在困顿的时候语言大多发自感激与慨叹，容易显现出长处。若是身处富贵的人，就不可能有忧愁贫困的慨叹，所能谈论的不过是风云月露罢了，怎么能写出好诗？假如想要改变这种情况，就只有出游这一个办法。将自己游历时所见到的山川风景、风土人情抒写出来；或者是战争祸患之余的萧条景象，或者正好遇上旱灾水灾等自然灾害，没有一样东西不可以写入诗中。这是借着他人的穷困愁苦，来做自己写诗吟咏的题材，如此一来，写诗也不一定要等到穷困交加才能写得好了。

【原评译文】

张竹坡说：正因为这样，郑监门所作的《流民图》才能够独一无二地流传千百年。

倪永清说：志得意满时的游玩没有空闲作诗；失意落魄时的游玩不能够作诗。假如能不带得意与失意之心去游玩，那么眼光和见识定然会不一样。

尤悔庵说：世上的贫穷之人很多，但擅长写诗的人却很少，诗也不愿接受这种结论啊。

跋一

昔人云："梅花之影，妙于梅花。"窃意影子何能妙于花？惟花妙，则影亦妙。枝干扶疏[①]，自尔天然生动。凡一切文字语言，总是才子影子。人妙，则影自妙。此册一行一句，非名言即韵语[②]，皆从胸次体验而出，故能发警省。片玉碎金[③]，俱可宝贵。幽人梦境，读者勿作影响观可矣[④]。

南村张惣识[⑤]

【注释】

①扶疏：枝叶繁茂的样子。

②韵语：诗词。

③片玉碎金：比喻文章简短而精美。体验：指通过亲身实践所获得的经验。

④作影响观：指当成无足轻重的影子、声响看待，形容不重视。

⑤张惣（zǒng）：即张南村。

【译文】

从前有人说："梅花的影子，比梅花美妙。"我私下认为影子怎么会比花还美妙呢？只有花美妙，那么影子才会美妙。梅花枝干错落有致，自然天成生机勃勃。所有的文章诗句，都是才子的影子。人高妙，那么影子自然高妙。这本书的每一行字每一句话，不是名言就是诗一样的语句，都是从作者心中总结和体验出来的，所以能够令人警觉醒悟。每一则简短但精美的文章，都是很宝贵的话语。仿佛置身于虚构的美妙境界，读者一定不能够不重视。

南村张惣识

跋二

抱异疾者多奇梦，梦所未到之境，梦所未见之事。以心为君主之官，邪干之[①]，故如此；此则病也，非梦也。至若梦木撑天[②]，梦河无水，则休咎应之[③]；梦牛尾，梦蕉鹿[④]，则得失应之；此则梦也，非病也。

心斋之《幽梦影》，非病也，非梦也，影也。影者惟何？石火之一敲、电光之一瞥也[⑤]，东坡所谓“一掉头时生老病，一弹指顷去来今”也。昔人云“芥子具须弥[⑥]”，心斋则于倏忽备古今也。此因其心闲手闲，故弄墨如此之闲适也。心斋岂长于勘梦者也！然而未可向痴人说也。

寓东淘江之兰跋[⑦]

【注释】

①邪：中医术语，指引起疾病的环境因素。干：触犯，冒犯。

②梦木撑天：晋代王敦谋反，曾梦见一木撑天，请许真君解梦，许言“一木撑天为未，不可妄动”。

③休咎：吉与凶，善与恶。休，吉庆，美善。咎，灾祸。

④梦蕉鹿：蕉鹿指蕉叶覆盖下的鹿。梦见蕉鹿则表示有所失。见《列子·周穆王》：“郑人有薪于野者，遇骇鹿，御而击之，毙之。恐人见之也，遽而藏诸隍中，覆之以蕉，不胜其喜。俄而遗其所藏之处，遂以为梦焉。”

⑤石火、电光：闪电的光，燧石的火，比喻事物的短暂易逝。

⑥芥子具须弥：偌大一个须弥山塞进一粒小小的菜籽之中刚刚合适。形容佛法无边，神通广大。也形容诗文波诡变幻，才思出众。《维摩经·不思议品》：“若菩萨住是解脱者，以须弥之高广，内芥子中，无所增减。”

⑦江之兰：即江含徵。

【译文】

患有怪病的人常常会有奇异的梦境，梦到从来没有去过的地方，梦见从来没有见过的事情。这是因为心是人体最重要的器官，有邪气侵犯，所以才会这样；这是病，并不是梦。至于梦到树木支撑天空，河中没有水，那么吉凶与此相对应；梦见牛尾，梦见芭蕉叶覆盖下的鹿，则得失与此相对应；这些都是梦，不是病。

张先生写的《幽梦影》，既不是病也不是梦，而是影。什么是影呢？是石头撞击时火花的一闪，是闪电光影转瞬即逝间的一瞥，正如苏东坡所说的“一转头的时间里生老病死，一刹那的时间中蕴藏过去、现在、将来”。从前有人说“小小一粒芥菜籽中藏着偌大须弥山”，张先生的文章则是瞬间备具过去和现在。这是因为他的身体和心境都很闲适，所以写的文章才能如此悠闲适意。张先生怎么会是擅长勘察梦境的人！然而这是不可以向无知的人说的。

寓东淘江之兰跋

跋三

昔人著书，间附评语。若以评语参错书中，则《幽梦影》创格也①。清言隽旨，前於后喁②，令读者如入真长座中③，与诸客周旋，聆其謦欬④，不禁色舞眉飞，洵翰墨中奇观也。书名曰“梦”、曰“影”，盖取“六如”之义⑤。饶广长舌，散天女花⑥，心灯意蕊⑦，一印印空，可以悟矣！

乙未夏日震泽杨复吉识⑧

【注释】

①创格：新的风格或法式。

②前於后喁：於、喁，相和之声，语出《庄子·齐物论》：“前者唱於，而随着唱喁。”

③真长：刘惔，东晋沛国相人，字真长。明帝婿。少有名，擅长清谈，

历司徒左长史、侍中、丹阳尹。性简贵，好老庄，放任自适，有知人之明。年三十六卒，孙绰诔云“居官无官官之事，处事无事事之心”，时人以为名言。

④馨欬：指言语隽永可赏，如散布很远的香气。欬，同“咳”。

⑤六如：也称六喻。佛教以梦、幻、泡、影、露、电，喻世事之空幻无常，语出《金刚经》：“一切有为法，如梦幻泡影，如露亦如电，应作如是观。”

⑥散天女花：佛教故事，天女散花以试菩萨和声闻弟子的道行，花至菩萨身上即落去，至弟子身上便不落。出自《维摩经·观众生品》：“时维摩诘室有一天女，见诸大人闻所说法，便现其身，即以天华散诸菩萨、大弟子上，华至诸菩萨即皆堕落，至大弟子便著不堕。一切弟子神力去华，不能令去。”此处比喻言辞便给。

⑦心灯：佛教语，比喻心灵，意即神思明亮如灯。意蕊：指心意，比喻其纠结如花蕊。出自南朝梁简文帝《与广信侯书》：“岂止心灯夜炳，亦乃意蕊晨飞。”

⑧乙未：指乾隆四十年（1775）。杨复吉（1747—1820年）：字列侯，一字列瓯，号慧楼、乡月楼、梦阑等，清代江苏震泽人。乾隆三十七年（1772）进士。曾从王鸣盛学，有文名。家有藏书楼名香月楼，藏书甚富，每日著述读书其中，辑有《辽史拾遗补》《元文选》《昭代丛书续集》《虞初余志》等。著有《梦兰琐笔》《慧楼诗文集》等。

【译文】

从前的文人著书，常常会附有评语。像这样将评语参差错落地夹杂在书中，则是《幽梦影》首创的风格。清雅隽永的言辞，前后相呼应，使读者感到仿佛加入到了刘真长的座次中，与在座的人交往应酬，亲耳聆听隽永的言语，不禁眉飞色舞，的确是文学作品中的奇观。书名中的“梦”、“影”，大概是取佛教中的六喻之义。书中现饶广长舌相，分散天女之花，神思明亮如灯，心思纠结如花蕊，印证空无，可以从中有所领悟了。

乙未夏日震泽杨复吉识

参考文献

[1]（清）张潮著. 幽梦影（精装插图本）[M]. 北京：中国画报出版社，2012.

[2]（清）张潮撰，王峰评注. 幽梦影[M]. 北京：中华书局，2008.

[3]王春红编著. 幽梦影[M]. 北京：企业管理出版社，2012.

[4]（清）张潮撰，尤君若评注. 幽梦影[M]. 北京：中华书局，2014.

[5]（清）张潮著，孙宝瑞注. 国学经典丛书：幽梦影[M]. 郑州：中州古籍出版社，2008.

[6]（清）张潮著. 幽梦影——中华经典随笔[M]. 北京：中华书局，2014.